W0260348

# Medizinische Informatik und Statistik

# Medizinische Informatik und Statistik

Herausgeber: S. Koller, P. L. Reichertz und K. Überla

## 2

# Alternativen medizinischer Datenverarbeitung

Fachtagung, München-Großhadern, 19. Februar 1976

Herausgegeben von H. K. Selbmann
K. Überla und R. Greiller

Springer-Verlag
Berlin · Heidelberg · New York 1976

**Reihenherausgeber**

S. Koller, P. L. Reichertz, K. Überla

**Mitherausgeber**

J. Anderson, G. Goos, F. Gremy, H.-J. Jesdinsky, H.-J. Lange,
B. Schneider, G. Segmüller, G. Wagner

**Bandherausgeber**

K. Überla
H. K. Selbmann
R. Greiller
Institut f. Med. Informationsverarbeitung
Statistik und Biomathematik
Marchioninistraße 15
D - 8000 München 70


Library of Congress Cataloging in Publication Data
Main entry under title:

Alternativen medizinischer Datenverarbeitung.

(Medizinische Informatik und Statistik ; 2)
Papers presented at the spring meeting of the Fach-
bereich Medizinische Informatik der Deutschen Gesell-
schaft für Medizinische Dokumentation, Informatik und
Statistik.
"Die Tagung wurde ausgerichtet vom Institut für
Medizinische Informationsverarbeitung, Statistik und
Biomathematik (ISB) sowie vom Rechenzentrum für den
Fachbereich Medizin (RZM) der Ludwig-Maximilians-
Universität München."
Bibliography: p.
Includes index.
1. Medicine--Data processing--Congresses. I. Selb-
mann, Hans-Konrad, 1941- II. Überla, Karl,
1935- III. Greiller, Reinald. IV. Deutsche
Gesellschaft für Medizinische Dokumentation, Informatik
und Statistik. Fachbereich Medizinische Informatik.
V. Munich. Univerität. Institut für Medizinische
Informations-verarbeitung, Statistik und Biomathematik.
VI. Munich. Universität. Rechenzentrum für den Fach-
bereich Medizin. VII. Series. [DNLM: 1. Medicine--
Congresses. 2. Automatic data processing--Congresses.
W1 ME8235G Bd.2 / W26.5 A466 1876]
R858.A1A47       362.1'028'5       76-41788


ISBN-13:978-3-642-81063-3        e-ISBN-13:978-3-642-81062-6
DOI: 10.1007/978-3-642-81062-6

Vorwort

Datenverarbeitung ist in Universitätskliniken nicht überall gleichermaßen entwickelt und ausgeprägt. Anläßlich der Vorstellung der medizinischen Datenverarbeitung im Klinikum Großhadern hat der Fachbereich
'Medizinische Informatik' der deutschen Gesellschaft für Medizinische
Dokumentation, Informatik und Statistik (GMDS) als Ort seiner Frühjahrs-
tagung 1976 Großhadern gewählt, um an diesem Beispiel den Stand der Entwicklung zu diskutieren und zukünftige Alternativen ins Auge zu fassen.

Die Tagung wurde ausgerichtet vom Institut für Medizinische Informationsverarbeitung, Statistik und Biomathematik (ISB) sowie vom Rechenzentrum
für den Fachbereich Medizin (RZM) der Ludwig-Maximilians-Universität
München. Über 500 Interessenten haben an den Veranstaltungen teilgenom-
men. Eine Reihe von Übersichtsvorträgen führte in die lokalen Probleme
der praktischen Datenverarbeitung ein. Sodann wurden medizinbezogene
Projekte und verwaltungsbezogene Projekte im einzelnen dargestellt. Eine
abschließende Thesendiskussion über die Alternativen medizinischer Datenverarbeitung öffnet den Blick auf zukünftige Entwicklungen.

Als der für die Tagung Verantwortliche möchte ich mich bei allen Mitarbeitern und Förderern und besonders bei den Teilnehmern der Thesendiskussion bedanken. Das große Interesse an der Thematik und an unseren
Lösungsansätzen mag dazu beitragen, daß Irrwege seltener gegangen werden.


                        Prof. Dr. med. K. Überla




München, den 23. Juli 1976

INHALTSVERZEICHNIS

# I. ÜBERSICHTEN

# Datenverarbeitung im Fachbereich Medizin: Philosophie, Alternativen, Ziele

K. ÜBERLA

Datenverarbeitung, Statistik und Mathematik stehen in der Medizin eher am Rande der Entwicklung. Der Mediziner braucht diese Instrumente mehr gelegentlich. Sie werden selten voll verstanden und konsequent eingesetzt, sondern in die Rolle der Dienstleistung gedrängt.

Die Umwelt der Datenverarbeitung ist in der Medizin so spezialisiert und heterogen, wie die Medizin selbst. Moderne Kliniken gehören zu den kompliziertesten Systemen, die wir kennen. Ihre Funktionen liegen nicht im medizinischen Bereich allein, sie haben wirtschaftliche, ethische, technische und politische Aspekte. Sie gliedern sich in medizinische, organisatorische, technische und soziale Subsysteme. Universitätskliniken sind der komplizierteste und daher am leichtesten verletzliche Teil unseres Gesundheitssystems. Sie sind historisch gewachsen, an jedem Ort anders in den Entscheidungsregeln - durchaus zum Vorteil der Patienten - und in vielen wesentlichen Komponenten auch bei näherem Hinsehen vom Fachmann nicht leicht zu übersehen.

Die Medizin ändert sich als Ganzes kontinuierlich in ihren Aufgaben und in den zugehörigen Informationsprozessen. Früher waren wenige wirklich Schwer- und Akut-Kranke zu behandeln. Heute gibt es das Heer der Leicht- und Chronisch-Kranken, die Psychisch-Kranken und die Masse der Vorsorgeuntersuchungen. Die Schwerkranken sind auf eine große Zahl von Spezialisten zu verteilen. Der Bedarf an qualifizierten Leistungen und die Spezialisierung wachsen.

Damit wachsen und wandeln sich auch die Art und die Quantität der Informationsprozesse in der Medizin. Immer höhere Anforderungen werden an die informationsverarbeitenden Systeme gestellt. Diese Anforderungen lassen sich mit Papier und Bleistift grundsätzlich und auf die Dauer nicht befriedigen. Computer rücken in den Mittelpunkt des Interesses. Sie sind an vielen Stellen in der Medizin nötig und durch nichts mehr zu ersetzen.

Das breite Aufgabenspektrum der Datenverarbeitung im Fachbereich Medizin der Universität München läßt sich für einen überschaubaren Zeitraum in

6 Punkten zusammenfassen:

1. Die planmäßige Inbetriebnahme des Klinikums Großhadern ist auf der Verwaltungsseite durch DV-Projekte zu unterstützen.
2. Als besonders wichtiges Teilsystem ist das der Klinischen Chemie vorrangig zu realisieren.
3. Die Medizin ist in der Forschung im gesamten Fachbereich durch DV-Verfahren zu unterstützen.
4. Die Medizin ist in der Lehre im gesamten Fachbereich durch DV-Verfahren zu unterstützen.
5. Die Unterstützung der Verwaltung ist schrittweise auf die Innenstadtkliniken auszudehnen.
6. Eigenständige DV-Entwicklungsarbeiten sind zu leisten, um die anstehenden Aufgaben zu lösen und um das Fachgebiet wissenschaftlich voranzutreiben.

Als weitere, ebenso wichtige Aufgaben, die mit der Datenverarbeitung nur lose verknüpft sind, stellen sich einem Institut für medizinische Informationsverarbeitung, Statistik und Biomathematik:

- Der Unterricht in Biomathematik für Medizinstudenten,
- die statistische Beratung bei der Planung, Durchführung und Auswertung von Forschungsaufgaben und
- die Hilfe bei der Einführung der klinischen Dokumentation.

Die _Geschichte_ unserer Institutionen begann in der Planung vor etwa 7 Jahren. 1969 wurde eine "eigene EDV-Anlage als Informationszentrale für das Klinikum Großhadern" im Grundsatz genehmigt. Die zugehörige Arbeitsgruppe nahm unter Dr. Greiller 1970 ihre Arbeit auf. Der Lehrstuhl für Medizinische Informationsverarbeitung, Statistik und Biomathematik wurde 1974 besetzt. Ebenfalls vor fast genau zwei Jahren wurde der Rechner aufgestellt, ein halbes Jahr vor dem Eintreffen der ersten Patienten.

Aufgaben und Ziele bestimmen die Organisation. Eine einzige Institution wäre durch die heterogenen Aufgaben überfordert. Daher wurden drei Einrichtungen geschaffen:

- Das _ISB_ (Institut für Medizinische Informationsverarbeitung, Statistik und Biomathematik) nimmt Aufgaben der Lehre und Forschung wahr. Wegen seiner klinikbezogenen Aufgaben ist es eine klinische Einrichtung im Sinne des Bayerischen Hochschulgesetzes. Es wird vom Lehrstuhlinhaber geleitet.

- Das _RZM_ (Rechenzentrum für den Fachbereich Medizin) betreibt die Rechner des Fachbereichs und bearbeitet derzeit schwerpunktmäßig die verwaltungsbezogenen Projekte. Es ist eine zentrale Einrichtung und wird vom Leiter des RZM geführt.

- Das <u>Institut für Klinische Chemie</u> entwickelt und betreibt das Subsystem für Klinische Chemie selbständig. Es ist eine klinische Einrichtung im Sinne des Bayerischen Hochschulgesetzes und wird vom Lehrstuhlinhaber geleitet.

Die nötige organisatorische Verflechtung gewährleisten zwei Steuerinstanzen, die in der Organisationsordnung für das RZM festgelegt sind:

- Der <u>Vorstand des RZM</u> als Leitungsgremium dieser zentralen Einrichtung setzt sich zusammen aus dem Leiter des RZM, einem Vertreter des Kanzlers und dem Lehrstuhlinhaber für Medizinische Informationsverarbeitung, Statistik und Biomathematik, der den Vorsitz führt. Der Lehrstuhlinhaber für Klinische Chemie nimmt an allen Sitzungen teil.

- Ein <u>Grundsatzausschuß</u> für Fragen der EDV im Fachbereich Medizin unter Vorsitz des Dekans behandelt grundsätzliche Angelegenheiten.

Mit dieser Organisationsstruktur haben wir gute Erfahrungen gemacht. Sie ermöglicht die nötige Selbständigkeit in der Bewältigung der Aufgaben und erlaubt gleichzeitig die bewegliche Abstimmung ohne zu großen Aufwand.

Wir haben in einer Zeit den Aufbau begonnen, in der die öffentlichen Haushalte reduziert werden. Wir werden nicht direkt aus Förderungsmitteln des Bundes finanziert, sondern vom Freistaat Bayern. Wir müssen mit Stellenzahlen arbeiten, die auch bei maximalem persönlichen Einsatz nicht ausreichen können. Diese Begrenzung fassen wir als Chance auf. Unsere personellen Möglichkeiten genügen für einen ersten Schritt.

Die Anforderungen, die der Fachbereich Medizin mit Recht an uns hat - hier wird etwa jeder zehnte Medizinstudent der Bundesrepublik ausgebildet, ca. 3000 Betten stehen im Innenstadtklinikum zur Verfügung, derzeit etwa 400 Betten im Klinikum Großhadern - können mit den derzeitigen Stellen nicht erfüllt werden. Wir versuchen, die vorhandenen Mitarbeiter so wirkungsvoll wie möglich auf zahlreiche Aufgaben anzusetzen. Dabei gehen wir an die Grenze des Machbaren, manchmal auch über das hinaus, was bei realistischer Einschätzung möglich ist. Die Differenz zwischen dem Umfang der Aufgaben und der Summe der verfügbaren Mann-Jahre wirkt als Stimulus für Lösungsansätze und erfüllt eine natürliche

Steuerungsfunktion.

Das ISB verfügt über insgesamt 13 Stellen, 6 für Wissenschaftler, 4 für Programmierer/Medizinische Dokumentationsassistenten, 1 Sekretärin und 2 Schreibkräfte.

Beim RZM sind in der zentralen Datenverarbeitung neben dem Leiter und dem Sekretariat 17 Mitarbeiter für den Betrieb des Rechners (Schichtdienst), die Systemgruppe, und die Organisation eingesetzt. Daneben arbeiten weitere 13 Mitarbeiter in Projekt-Teams der Anwendungsprogrammierung.

Unsere bisherige Erfahrung zeigt, daß die Dinge dort einigermaßen erfolgreich laufen, wo wir unmittelbar Einfluß nehmen können und wo man es uns überläßt, Verantwortung zu tragen. Das Satellitenkonzept für die Hardware z.B. ist bei uns konsequent durchgeführt und hat sich bewährt. Das Konzept von unabhängigen Teilsystemen für die Software gibt uns eine große Beweglichkeit. Die Organisationsform der Datenverarbeitung in der Medizin, wie wir sie hier realisiert haben, hat sich als zweckmäßig und erfolgreich erwiesen - nämlich die Abgrenzung vom Leibniz-Rechenzentrum, die Trennung zwischen Institut und Rechenzentrum als zentraler Einrichtung, gesteuert vom Vorstand.

Wir haben aber auch leidvolle Erfahrungen. Das Umfeld in der Medizin ist nicht so wohldefiniert, daß man die Datenverarbeitung in eine bestehende Struktur einfach einpassen könnte. Vieles wird erst durch die Einführung der Datenverarbeitung, in einer Grauzone  definiert. Zielvorgaben ändern sich laufend, z.B. kommen die ambulanten Patienten 3 Monate früher und in doppelter Zahl, Maschinen müssen aufgestellt werden, ohne daß ein rechtsgültiger Vertrag vorliegen kann, um Inbetriebnahmetermine zu halten, die Zeitbedingungen für Entwicklungsarbeiten sind zu knapp usw.

Eine wesentliche Erfahrung ist die Relativität aller Planungsprozesse. Keine Systemphilosophie zu haben, scheint manchmal die beste Philosophie zu sein in einer Welt, in der Haushaltskürzungen kommen wie Sturm und Regen, und in der Maschinen plötzlich da sind wie Sonnenschein. Wenn die Ursachen für das Vorhandensein oder Nichtvorhandensein von Hardwarekomponenten den meisten Beteiligten so unklar sind wie das tägliche Wetter, ist man gezwungen, eine Philosophie zu entwickeln wie gegenüber dem Wetter: Das geduldige Abwarten steht im Vordergrund, das Ertragen des leeren Föhns der formalen Vorgänge, die Ausnützung der eben vorhandenen Mittel, die Benutzung von Wetterfröschen aller Art und der

gelegentliche Versuch, das Wetter zu beeinflussen - wie durch das Ausstreuen von Salzen über Wolkenfeldern durch das Ausstreuen geeigneter
Informationen über Entscheidungsträgern.

Ein totaler Systemansatz, wie er rational richtig wäre, ist in der vorhandenen Systemumgebung zum Scheitern verurteilt. Was bleibt, ist ein
begrenzter Ansatz, der problemorientiert ist. Dieser limitierte Systemansatz, auf Teillösungen bezogen und problemorientiert, ist unsere Philosophie bei der Einführung von Rechnern in die Medizin. Das klingt sehr
empirisch und ist es auch. Nicht die Eigengesetzlichkeit des Rechners
bestimmt, was geschieht oder was geschehen soll, sondern die medizinische
und sonstige Umwelt, die dadurch in Pflicht genommen wird.

Drei wesentliche Entscheidungen kennzeichnen die Datenverarbeitung, wie
sie bei uns betrieben wird:
1. Im Bereich der Anwendung die Entscheidung, <u>zuerst die Verwaltung und
   Organisation</u> zu unterstützen. Dieser schwerpunktmäßige Einsatz der
   Datenverarbeitung in der Verwaltung des Klinikums ist aus wirtschaftlichen Gründen sinnvoll. Rechner müssen auch in der Medizin für ihre
   Kosten einen äquivalenten Wert produzieren. Wenn es auch heute ver-
   früht ist, eine Wirtschaftlichkeitsrechnung bei nicht voll belegtem
   Klinikum zu versuchen - dies ist frühestens in zwei bis drei Jahren
   sinnvoll - so glauben wir doch, daß wir hier erfolgreich sein können.
2. Im Bereich der Hardware das <u>Satellitenkonzept</u>. Der Hauptrechner wird
   eingesetzt für Datenbanken, Programmentwicklung, zentrale Verwaltung
   und Wissenschaft. An Orten besonderen Datenanfalls und wiederkehrender
   Routinearbeiten werden Satellitenrechner verwendet, z.B. zur Aufnahme
   und im Laborbereich. Damit sind wir im Prinzip offen für Entwicklungen, wie sie z.Zt. bei Minicomputern stattfinden.
3. Im Bereich der Software die Entscheidung, <u>verschiedene Datenbankkon-
   zepte</u> zu verwenden. Die heterogenen Anforderungen der Medizin, der Verwaltung und der Forschung können nicht durch ein Datenbankkonzept effizient abgedeckt werden. Die Lösung der anstehenden Aufgaben erfordert
   Datenbankstrukturen, die ein zentrales System insgesamt nicht optimal
   erbringen kann.

Wir verwenden deshalb drei anwendungsorientierte Systeme mit Datenbank-
komponenten:

ISIS      für die aktuellen patientenorientierten Dateien, für Verwaltungs-
          aufgaben und die Archivdatei. Hier stehen Routineaufgaben mit
          fallbezogenen Anforderungen im Vordergrund.
SAVOD     für die interaktive Auswertung von Massendaten unter Berücksich-

tigung zeitlicher Verläufe. Hier steht die rasche und problem-
orientierte wissenschaftliche Auswertung definierter Daten im
Vordergrund.

MINDIUS  ein Teilhabersystem für mittelgroße medizinische Datenbestände
mit beweglicher Dialogdatenerfassung, Präsentation und Auswertung auch für zeitliche Verläufe. Hier steht die individuelle
Erfahrungswirklichkeit des einzelnen Mediziners und des einzelnen Falles im Vordergrund.

ISIS wurde bei uns zusammen mit Siemens weiterentwickelt, MINDIUS und
SAVOD sind Eigenentwicklungen des Instituts.

Über eine Datenschnittstelle können die drei Systeme im Stapel- oder
Dialogbetrieb selektiv zusammengestellte Datenbestände austauschen. Durch
die Verwendung von 3 Systemen mit jeweils speziellen Eigenschaften können
wir die Benutzer besser bedienen als durch ein sogenanntes integriertes
Klinikinformationssystem, das wir als einheitliches Konzept in unserer
Umwelt nicht für realisierbar halten.

Entscheidend ist, daß wir von einem einzigen Datenbankkonzept als Kern
unseres Systems abgegangen sind, so wie wir auch vom Konzept eines einzigen Rechners im Krankenhaus abgegangen sind und das Satellitenkonzept
konsequent realisiert haben durch einen Vorrechner für die Aufnahme und
durch eine Schnittstelle zum autarken Laborsystem, das in sich selbst
wieder gegliedert ist.

Lassen Sie mich nun einige Probleme und Alternativen anschneiden, die
sich dem Fachgebiet heute stellen. Es befindet sich - 15 Jahre nach seiner Begründung in der Bundesrepublik durch Koller und sein Institut in
Mainz - in einem labilen Gleichgewichtszustand. Inzwischen gibt es 23
Lehrstühle. Die erste Phase der Etablierung des Fachgebiets ist also
vorbei. Die Lehrstühle sind unterschiedlich benannt und unterschiedlich
ausgerichtet. Die Breite der Interessenrichtungen ist so groß, daß die
Nachteile zunehmend Gewicht bekommen. Das einigende Band ist gegenwärtig
der Unterricht für Mediziner in Biomathematik, der durch einen Lernzielkatalog definiert ist, in dem die inneren Widersprüche durch einen unge-
eigneten Namen mühsam verborgen sind.

Die drei großen Quellen, aus denen das Fachgebiet seine Kraft schöpft,
sind nacheinander empirisch an erste Grenzen gestoßen.
1. Die klinische Dokumentation ist die erste dieser Quellen. Sie ging
von richtigen Konzepten aus, die auch heute noch gelten. Sie droht
nunmehr in den Kleindetails der medizinischen Terminologie zu er-

sticken, in den nicht einheitlich festzulegenden Diagnosebegriffen und
in den mannigfachen nationalen und internationalen Standardisierungs-
versuchen, denen die Medizin mit neuen Forschungsergebnissen, neuen
Auffassungen und neuen Konzepten ständig davonläuft. Der Wert der
klinischen Dokumentation reduziert sich auf Suchfragen nach einzelnen
diagnostischen Begriffen und auf grobe Übersichtsstatistiken, etwa
nach der International Classification of Diseases (ICD). Einzelne klinische Studien können sehr viel weiter gehen. Sie können Diagnosen in
zahlreiche Einzelbestandteile und Symptommuster auflösen und wieder
zusammenfassen. Wir sind im Bereich der klinischen Dokumentation be-
scheiden, haben wenige Pilotprojekte begonnen und legen großen Wert
auf einzelne klinische Studien.

2. Die <u>statistisch-mathematisch orientierte Richtung</u> ist die zweite Quelle
   des Fachgebiets. Auch hier sind in der praktischen Arbeit empirische
   Grenzen aufgetreten. Komplizierte Modelle sind oft weit von der medizinischen Realität entfernt. Das Prokrustesbett der statistischen Test-
   theorie, das die Erscheinungen einengt auf Nullhypothese und Alterna-
   tivhypothese, ist oft nützlich und man kann alles, was nicht hinein-
   paßt, einfach abhacken. Den Medizinern und Forschern kann das auch
   hinderlich sein. Sie realisieren, daß sie durch derartige Werkzeuge
   manchmal eingeengt werden von Spezialisten, die ihnen unter dem Vor-
   wand zu helfen, mehr schaden als nützen. Auch die Versuchsplanung bei
   therapeutischen Reihen ist an empirische Grenzen gestoßen. Je besser
   eine Studie geplant und durchgeführt ist, desto größer ist die Chance,
   daß sie sich durch methodische Einwände selber in der Aussage einengt.
   Die Grenzen des Wachstums der Statistik und Versuchsplanung - die sich
   selbst zunehmend limitieren - sollten uns zu denken geben. Das Fachgebiet darf sich nicht durch das Festhalten an Theorien abkapseln, einengen und in Sackgassen abdrängen lassen. Es muß offen bleiben für
   neue formale Methoden, die nicht in erster Linie statistischer Art
   sein müssen. Der Nutzen für die Medizin ist wichtiger als das Festhalten an den Voraussetzungen von Formeln. Nach diesem Grundsatz wenden wir statistische und formale Methoden an, nicht um ihrer selbst
   willen, sondern auf konkrete medizinische Ziele ausgerichtet. Hier
   liegt noch ein weites Feld für methodische Neuansätze.

3. Die <u>Datenverarbeitung</u> kam im letzten Jahrzehnt als dritte Quelle des
   Fachgebiets hinzu. Ist Medizinische Informatik mehr als die Anwendung der DV in der Medizin? Hier gehen die Meinungen auseinander,
   ebenso wie über die Informatik selbst. Versucht man, Medizinische Informatik zu definieren, so kommt man auf allgemeine Formulierungen,
   z.B. die folgende, die ich zusammen mit GREMY (Paris) und ANDERSON
   (London) versucht habe:

"Medizinische Informatik ist die Anwendung formaler Methoden auf
Probleme der Medizin, wobei das Modell in einem Rechner realisiert
ist". Derartige Definitionsversuche sind so wenig konkret, daß die
Auffassung möglich ist, es gäbe Medizinische Informatik als eigenständige Methodik gar nicht, sie sei jedenfalls gegenwärtig nicht
klar abgrenzbar. Für uns ist der Rechner ein Instrument, das nicht
um seiner willen betrieben wird. Die DV wird vom zu lösenden Sachproblem her definiert, ihre Möglichkeiten werden soweit ausgeschöpft,
daß dieses Sachproblem gelöst wird. In diesem Sinn betreiben wir anwendungsorientierte Entwicklung der DV in der Medizin.

Das Übergreifende und Zukunftsträchtige an diesen drei Quellen des Fachgebiets ist der Versuch, Teil der Medizin zu bleiben und sich ihr doch
gegenüberzustellen, sie abzubilden auf neue Medien. Der Arzt muß in seiner großen Sorge um den einzelnen Patienten oft dem Zufall nachlaufen und
kann sich nicht um die Massenerscheinungen, um die Medizin als Ganzes
kümmern. Man kann und muß heute aber Medizin auch auf der Ebene der
Massenerscheinungen betreiben. So wichtig es ist, daß man sich um den
einzelnen Patienten optimal kümmert, so wichtig ist es auch, daß man
sich um die Patienten und Ärzte als statistische Massen bemüht, sie empirisch beschreibt, ihre Entscheidungsregeln rational festlegt und
beobachtet, ihre Fehler und Erfolge quantifiziert und die Systemkompo-
nenten so ordnet, daß neben der Optimierung des Einzelfalles auch die
Optimierung des gesamten Nutzens oder Schadens stärker als bisher in den
Vordergrund tritt.

Dabei müssen freilich zahlreiche Interessenkonflikte und methodische
Probleme auftreten. Trotzdem könnte eine neue theoretische Medizin am
Horizont erscheinen, die die modernen Knetinstrumente der Wirklichkeit
- Computer, multivariate Verfahren, Ansätze der Systemtheorie, um ei-
nige zu nennen - als brauchbare Werkzeuge einsetzt. Hier wird ein Bei-
trag unseres Fachgebiets liegen, das Systeme zur adäquaten empirischen
Beschreibung, zur theoretischen Abbildung und zur modellhaften Simula-
tion der medizinischen Wirklichkeit bereitstellt. Dies muß - wie die
Statistik auch- auf weiten Strecken solides Handwerk bleiben. An manchen Stellen wird es aber Kunst sein müssen mit allen Risiken und mit
dem jeweils speziellen Genuß, den Kunst und Wissenschaft immer ihren
Adepten bieten.

Die Chancen unseres Fachgebiets liegen also in seiner Randständigkeit,
im unabhängigen Gegenüber, in der Partnerschaft zu allen Teilen der
Medizin, in der Offenheit der Medizin für neue Entwicklungen und im
Charme eines noch kleinen Fachgebiets, das sich um scheinbar unbedeu-

tende Details kümmert, wie dies Orchideenfächer eben tun.

Wir werden in der konkreten Arbeit weiter versuchen, die Einheit des Fachgebiets zu erhalten. Folgende spezielle Arbeitsschwerpunkte haben wir am Institut herausgegriffen:
- Statistik und Versuchsplanung zur Beurteilung therapeutischer Wirkungen und Nebenwirkungen,
- Ansätze zur Systemforschung in der Medizin,
- Sammlung und weitere Analyse medizinisch interessanter Datenbanken und
- Weiterentwicklung spezieller Datenbankkonzepte für medizinische Anwendungen.

Lassen Sie mich noch eine persönliche Bemerkung machen über die Situation an den Universitäten, wie ich sie als Hochschullehrer in diesem Fachgebiet erlebe. Zwei Erscheinungen machen nicht nur uns, sondern vielen Instituten und Kliniken die Arbeit immer schwerer: die zunehmende Bürokratisierung und die Trennung von Entscheidungsbefugnis und Verantwortung. Beides führt dazu, daß die wirtschaftliche Sinnlosigkeit mancher Vorgänge nur durch sinnvolles Handeln aller Beteiligten am Rande der Legalität einigermaßen gemildert werden kann. Dies haben wir bisher erfolgreich versucht. Der Weg, den wir organisatorisch eingeschlagen haben, entspricht einigermaßen dem Gleichgewicht der Interessen.

In der heutigen Situation dürfen Rechner nicht zum alleinigen Instrument der Bürokratie werden. Auch und gerade in der Medizin und in den Kliniken ist DV nicht in erster Linie für Buchhalter da. Sie muß ein Instrument der sinnvollen, dezentralen Klinikführung bleiben, ein Instrument, das auch für die Wissenschaft da ist und das in die Hand der Betroffen gehört und ihnen gehorcht, nicht einer anonymen Stelle, die möglichst hoch aufgehängt ist in der Hierarchie.

Ich spreche diese Dinge an, weil mir am Funktionieren des Ganzen liegt. Wir haben bisher in unserer bayerischen Welt mit dem Verständnis und der Hilfe aller gut arbeiten können. Dafür möchte ich allen Beteiligten danken, ohne Namen zu nennen. Weitere Lernfähigkeit ist auf allen Seiten - auch auf unserer - sicher vorhanden. Sie ist aber auch limitiert durch Denkweisen und durch zahlreiche Vorschriften. Partnerschaft und Vertrauen sind nach unserer Erfahrung ein guter Boden, auch im Bereich der Datenverarbeitung in der Medizin.

Die Zukunft wird zeigen, ob es in einer deutschen Universität noch möglich ist, derartige Freiräume aktiv zu gestalten, wie sie dieses neue

Fachgebiet anbietet und fordert. Wir haben die Vision und die Hoffnung und wir werden wie bisher hart und im Kleindetail arbeiten. Aus den realisierten und nicht realisierten Hoffnungen werden wir mit Ihnen zusammen lernen müssen. Dazu gibt uns die bisherige Erfahrung Mut.

# Das Datenverarbeitungssystem des Fachbereichs Medizin: Konzept, Stand, künftige Planung

R. GREILLER

## 1. Die Aufgaben des Systems

Während ursprünglich nur die Unterstützung von Verwaltung und Medizin im Klinikum Großhadern geplant war, hat das Staatsministerium für Unterricht und Kultus 1973 das Aufgabenspektrum wie folgt erweitert:

Es wurde festgelegt, daß das Rechenzentrum als zentrale Einrichtung der Universität dem gesamten Bereich Medizin, somit "Wissenschaft, Verwaltung und der allgemeinen ärztlichen Versorgung im Klinikum Großhadern und in den Innenstadtkliniken sowie den medizinischen Instituten" zu dienen habe.

Insbesondere wurden als Aufgaben des Rechenzentrums genannt: Verwaltung, Betrieb und Koordinierung der Beschaffung von Datenverarbeitungsanlagen im Fachbereich.

Einige Zahlen mögen die Größenordnung verdeutlichen: Der Fachbereich Medizin der Universität ist der größte der Bundesrepublik mit z. Z. etwa 1.200 Wissenschaftlern, 55.000 stationären und 230.000 ambulanten Neuzugängen/Jahr.

Für die Erfüllung der Aufgaben steht neben dem Rechenzentrum für den Fachbereich Medizin (RZM) auch das Leibniz-Rechenzentrum (LRZ) der Bayr. Akademie der Wissenschaften zur Verfügung. Dabei deckt das LRZ die wissenschaftlichen Aufgaben aus dem vorklinischen Bereich ab, während das RZM die verwaltungs- und prozeßbezogenen Aufgaben der Kliniken und die patientenbezogene Forschung übernimmt. Diese Aufgabenteilung hat sich bereits in der Praxis bewährt.

## 2. Systemkonzept

Ausgehend von der Aufgabenstellung und den zum Zeitpunkt der Entwicklung bekannten Erfahrungen im In- und Ausland wurde das Satellitenkonzept gewählt (Abb. 1).

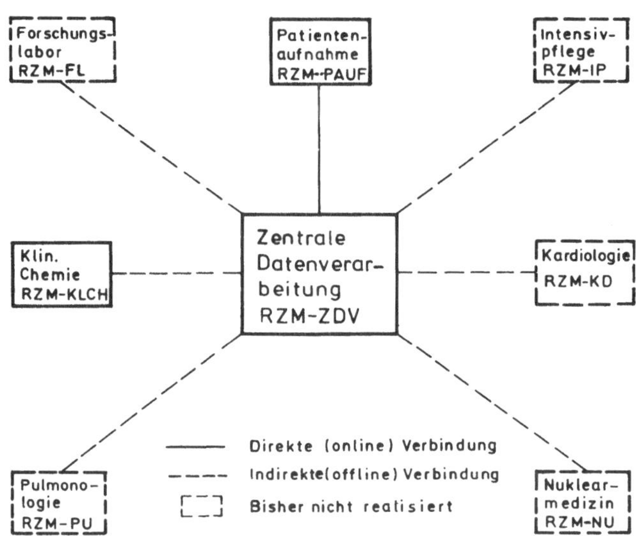



Abb. 1: Systemkonzept

Nach diesem Konzept arbeiten mehrere Rechner in der Konfiguration eines Sternsystems zusammen. Dabei bildet ein zentraler Rechner den Stern-
punkt. Mit ihm sind strahlenförmig die Satelliten oder Subsysteme direkt
(online) oder indirekt (offline) verbunden.

Während der zentrale Rechner vorwiegend übergeordnete Aufgaben übernimmt, z. B. die Führung der Datenbanken, unterstützt jedes Subsystem
einen speziellen Funktionsbereich, z. B. das Klinisch-Chemische Labor,
die Intensivpflege oder die Nuklearmedizinische Diagnostik.
Jedes Subsystem kann für sich wiederum aus einem Mehrrechnersystem bestehen, wie z. B. im Institut für Klinische Chemie.

Wir haben die Frage geprüft, ob das Satellitenkonzept aufgrund der technischen Entwicklung, insbesondere im Bereich der "Minirechner" heute
nicht überholt und im Vergleich zu einer völligen Dezentralisierung un-
wirtschaftlich geworden ist. Mit anderen Worten: ist ein Zentralrechner
überflüssig? Können die vorgegebenen Aufgaben ebensogut gelöst werden,
wenn in jedem Institut, in jeder Klinik und jedem Verwaltungsreferat
Kleinrechner und intelligente Terminals installiert werden? Kann man
vielleicht sogar auf das teure EDV-Personal verzichten und sich damit
begnügen, vom Hersteller gelieferte Programme per Knopfdruck zu star-
ten?

Wir sind zu dem Ergebnis gekommen, daß bei der Struktur und Größenordnung der uns gestellten Aufgaben eine solche Lösung weder sinnvoll noch

wirtschaftlich wäre. Im Gegenteil, eine Vielzahl endbenutzerorientier-
ter Kleinrechner verlangt zur Koordination und Integration übergeordneter Daten ein leistungsfähiges, zentrales Verarbeitungssystem.

## 3. Die Realisierung des Systems

### 3.1 Hardware

### 3.1.1 Zentralrechner

Die Konfiguration des Zentralrechners in der 1. Ausbaustufe zeigt Abbildung 2.

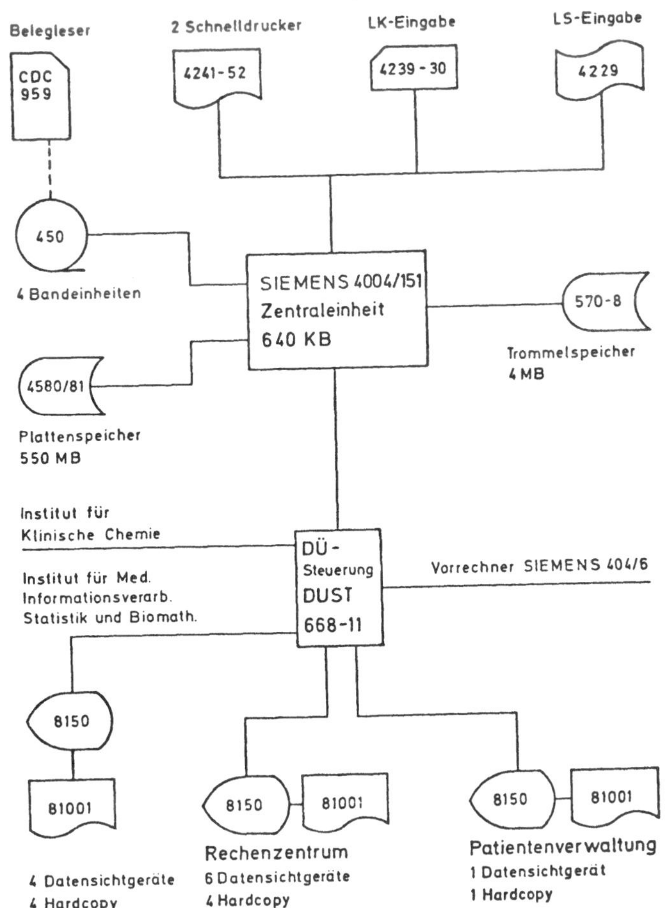


Abb. 2: Konfiguration Zentralrechner SIEMENS 4004/151

Die Anlage SIEMENS 4004/151 mit 640 KB Kernspeicher arbeitet nach dem
virtuellen Speicherprinzip und ist deshalb besonders für Teilnehmerbe-
trieb geeignet. Als reales Medium des virtuellen Speichers dient eine
Magnettrommel mit einer Kapazität von 4 MB - entsprechend mindestens
4 Millionen Zeichen. Als Massenspeicher sind 10 Plattenlaufwerke mit
einer Speicherkapazität von insgesamt 550 MB und 4 Bandeinheiten vor-

handen. Mit dem Zentralrechner sind über eine Datenfernverarbeitungs-
steuerung derzeit 10 Sichtgeräte mit Druckern im Bereich des Klinikums
Großhadern, 2 weitere in Innenstadtkliniken und 1 im Institut für Prä-
vention und Rehabilitation über Wählleitungen verbunden. Der Anschluß
weiterer Bildschirmgeräte z. B. im Innenstadtbereich zur Isodosenbe-
rechnung für Betatron- und Gammatronanlagen ist in Vorbereitung.

## 3.1.2 Vorrechner

Die Konfiguration des Vorrechners zeigt Abbildung 3.

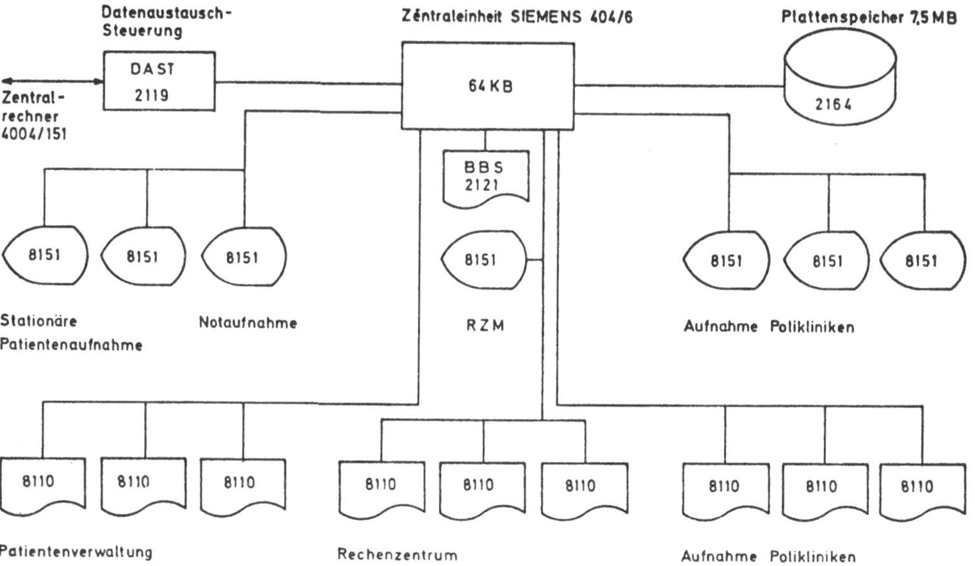


Abb. 3: Konfiguration Vorrechner SIEMENS 404/6

Die Zentraleinheit der Anlage 404/6 ist über eine Datenaustauschsteue-
rung direkt mit dem Zentralrechner gekoppelt. Eine Magnetplatte mit einer Kapazität von 7,5 MB dient zur Speicherung des Betriebssystems und
der Benutzerprogramme. Auf der Platte werden ferner die erfaßten Patientendaten zwischengespeichert, bei Ausfall des Zentralrechners bis zu
etwa 10 Tagen. 7 Datensichtgeräte und 9 Drucker stehen für die Patientenaufnahme zur Verfügung.

## 3.1.3 Konfiguration des Klarschriftlesers

Abbildung 4 zeigt die Konfiguration des Klarschriftlesesystems CDC 959.

Der Datenaustausch vom Leser zum Zentralrechner erfolgt über Magnet-
bänder. Der Leser erkennt OCR-A-Maschinenschrift, Markierungen und
Handschrift. Gestörte Zeichen auf dem Beleg können mit Hilfe einer

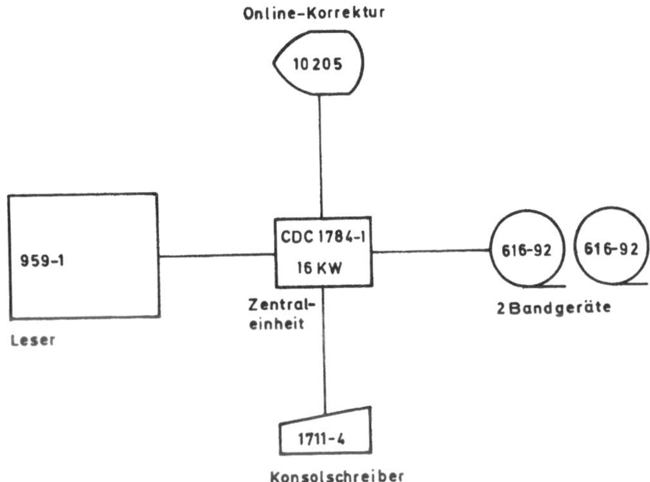



Abb. 4: Konfiguration Klarschriftlesesystem CDC 959

Online-Korrektureinrichtung über den Konsolschreiber berichtigt werden.

## 3.2 Software
### 3.2.1 Programmstruktur des Zentralrechners 4004/151

Der Zentralrechner wird unter dem Betriebssystem mit virtueller Adressierung BS 2000 im Dialog- und Stapelbetrieb eingesetzt; auch Stapelfernverarbeitung ist möglich. Die Programmstruktur des Zentralrechners zeigt Abbildung 5.

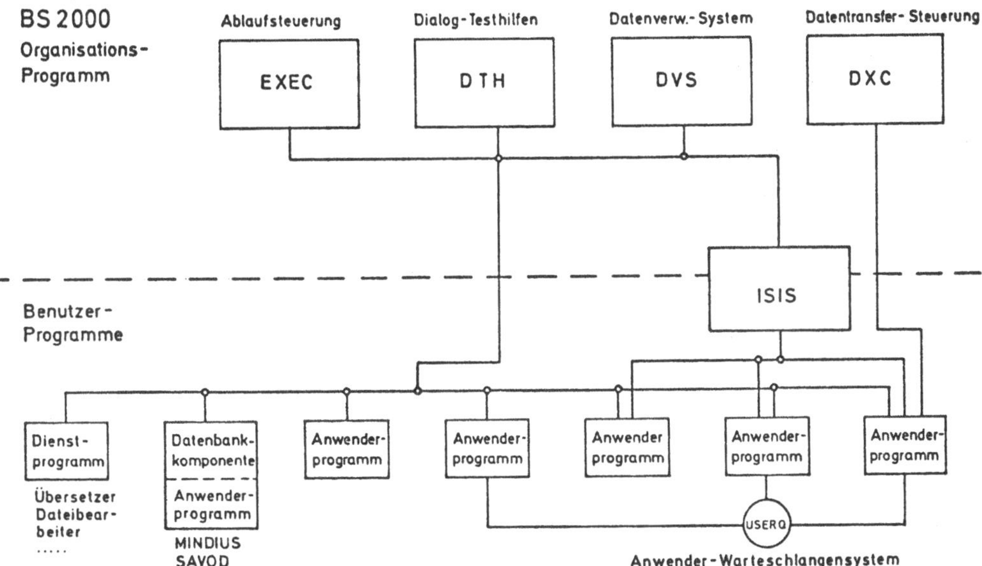



Abb. 5: Programmstruktur im Zentralrechner SIEMENS 4004/151

Das Organisationsprogramm gliedert sich in drei Hauptteile:

- den Ablaufteil (EXEC),
- das Datenverwaltungssystem (DVS) und
- die Dialog-Testhilfen (DTH).

Hinzu kommt die Datentransfer-Steuerung (DXC) für die Kopplung zwischen Zentralrechner und Vorrechner.

Die Benutzerprogramme verwenden Teile des Organisationsprogramms, um die geforderten Aufgaben zu erfüllen, und werden ihrerseits von diesem gesteuert und kontrolliert. Als Benutzerprogramme gelten die von Anwendern erstellten Routinen aber auch Sprachübersetzer, Dateiaufbereiter und Dienstprogramme.

Zur Kommunikation zwischen Programmen (Intertask communication) und zur Transaktionssteuerung hat das RZM eine Daten-Warteschlangenverwaltung USERQ implementiert.

Für die Patienten- und Verwaltungsdatenbanken wird das SIEMENS-Datenbanksystem ISIS eingesetzt. Medizinische Aufgaben werden mit den beiden im ISB entwickelten Systemen MINDIUS und SAVOD bearbeitet.

### 3.2.2 Programmstruktur des Vorrechners 404/6

Der Vorrechner arbeitet unter der Kontrolle eines Betriebssystems, das aus den beiden Komponenten PPS (Prozedur-Programm-System) und DEOS (Datenerfassungs- und Organisationssystem) besteht. PPS kontrolliert die Datenübertragung über die Leitungen und die Plattenzugriffe, verwaltet den Arbeitsspeicher und löst den Ablauf von Verarbeitungsprozeduren aus. DEOS steuert den Datenverkehr über Bildschirmformulare, prüft Plausibilitäten und sorgt für die Speicherung der erfaßten Daten auf der Magnetplatte.

Zur Realisierung der Anwenderaufgaben wurden in Zusammenarbeit mit SIEMENS die speziellen Programme für die Patientenaufnahme erstellt:

```
┌─────────────────────────────────┐
│ Patientenaufnahme Großhadern    │
└─┬─┬─┬─┬─┬───────────────────────┘
  │ │ │ │ └ TEIN : Terminal-Eingabe
  │ │ │ └── PLUNT: Plausibilitäts-Unterprogramme
  │ │ └──── TRANS: Übertragung zur ZE 4004
  │ └────── DRAUF: Druckaufbereitung
  └──────── DRAUS: Druckausgabe
```

3.2.3  Programmstruktur des Klarschriftlesesystems CDC 959

Das Betriebssystem TAPE SCOPE steuert und überwacht die verschiedenen
Funktionen der Anlage und die Kommunikation der einzelnen Geräte unter-
einander.

Drei Programmiersprachen stehen zur Verfügung: ASSEMBLER, die einfache
Parametersprache GRASP und die MAKRO-ASSEMBLER-Sprache DRAFT. Für die
Dateiverwaltung existieren Dienstprogramme (SETUP für Source-Programme,
SMART für relative Programme und LIBEDT für absolute Programme). Die
Schnittstelle zum Zentralrechner ist durch das Programm VT realisiert,
das Daten verschiedenartiger Belege auf dem Belegleserband in die da-
zugehörigen Plattendateien des Zentralrechners 4004/151 verteilt.

4.      Die Projekte des RZM

Von insgesamt 33 Mitarbeitern sind neben dem Leiter und dem Sekretariat
17 im Betriebsbereich und 13 in Projektteams der Gruppe Anwenderpro-
grammierung tätig.

4.1     Projekte zur Unterstützung der Verwaltung und des Betriebsab-
        laufs im Klinikum Großhadern

Die Verwaltung des Klinikums Großhadern wird durch folgende Projekte
unterstützt:

- Apotheke/Wirtschaftsverwaltung
- Datenbanken
- Patientenaufnahme
- Patientenverwaltung
- Personalverwaltung
- Rechnungswesen.

Alle seit Inbetriebnahme im Klinikum Großhadern aufgenommenen Patienten
sind in der aktuellen Patientendatenbank gespeichert; gegenwärtig sind
es mehr als 20.000. Das Wachstum der Patienten-Datenbanken zeigt Abb. 6.

Alle stationären Patienten des Klinikums wurden über EDV abgerechnet.
Zahlreiche patientenbezogene Statistiken und Druckausgaben werden automatisch erstellt, z. B. die tägliche Mitternachtsstatistik, die Monatsstatistik und, als Grundlage des Selbstkostenblattes, die Jahressta-
titik.

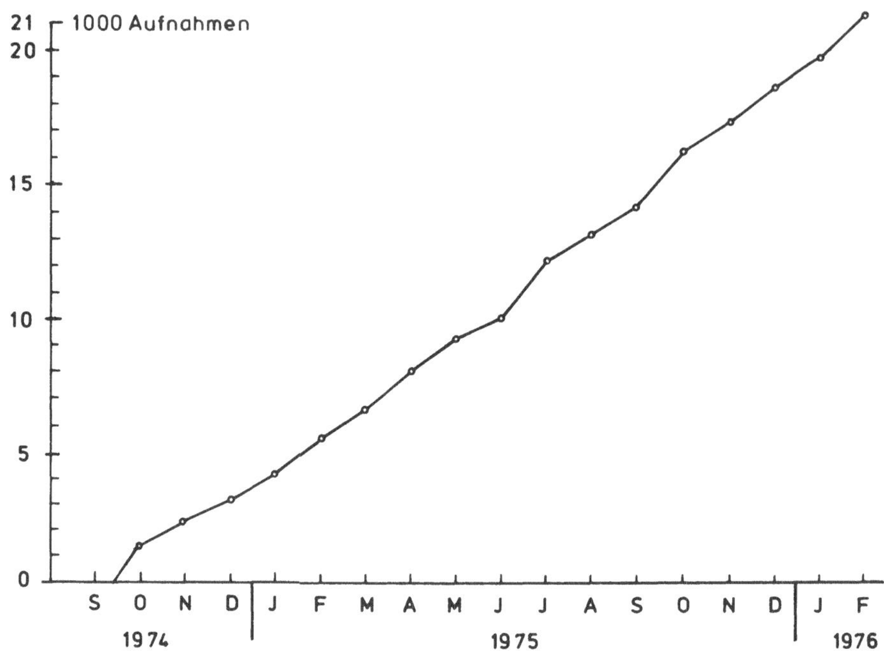


Abb. 6: Wachstum der Patientendatenbanken

## 4.2  Medizinische Projekte

Die Aufgabenstellung des DV-Systems umfaßt neben den Projekten zur Unterstützung der Verwaltung und des Betriebsablaufs in den Kliniken auch die Bearbeitung rein medizinischer Aufgaben. Dabei befaßt sich die Gruppe Anwendungsprogrammierung des RZM gegenwärtig schwerpunktmäßig mit der Realisierung von Verwaltungsprojekten. Medizinorientierte Projekte werden schwerpunktmäßig von Mitarbeitern des Instituts für Medizinische Informationsverarbeitung, Statistik und Biomathematik (ISB) durchgeführt.

Die Kapazität des Zentralrechners wird durch die rechenintensiven Anwendungen des ISB und der medizinischen Partner gegenüber den ein/ausgabeintensiven Anwendungen der Verwaltung vorteilhaft genutzt. Derzeit entfallen ca. 30% der zentralen Verarbeitungskapazität auf medizinische Projekte. Dies ist eine vernünftige Größenordnung, die zunächst beibehalten werden kann und sich in dem Maße steigern wird, wie die Entwicklungsprojekte von der Verwaltung in den medizinischen Bereich verlagert werden können.

## 4.3  Pilot-Projekte im Verwaltungsbereich der Innenstadtkliniken

Der Klarschriftleser ermöglicht es, Daten, die in der OCR-Schrift dargestellt sind, in den Rechner zu übernehmen. Damit sind wir in der Lage,
die Innenstadtkliniken bei allen Aufgaben, die nicht zeitkritisch sind,
zu unterstützen. Die Kliniken müssen dazu nicht mit speziellen EDV-Ge-
räten, sondern nur mit OCR-Schreibmaschinen ausgerüstet werden. Bei Verwendung von Kugelkopfmaschinen können diese auch für die täglichen
Schreibarbeiten verwendet werden. Als Pilot-Projekte werden in der Psy-
chiatrie und in der I. Frauenklinik die Aufnahme stationärer Patienten
und ihre Abrechnung erprobt; ferner wird die Finanzverwaltung unterstützt.

## 4.4  Unterstützung des Unterrichts

Die Unterrichtsbelastung für den Medizinischen Fachbereich ist erheblich und - wie die Kapazitätsberechnungen zeigen -  größer als in anderen Medizinischen Fachbereichen. Bei etwa 700 Medizinstudenten pro
Studienjahr spielt die Frage der Prüfungen durch multiple-choice-Fragen
eine besondere Rolle. Hierzu wurde vom ISB ein Programm entwickelt, das
es erlaubt, beliebige multiple-choice-Fragen auf beleglesefähigen Bögen
zu erfassen und auszuwerten.

## 5.  Anmerkungen zur Wirtschaftlichkeit des gegenwärtig realisierten Systems

Die Angaben zur Wirtschaftlichkeit des Systems beziehen sich auf ein
Rechenzentrum, das erst vor knapp 2 Jahren den Betrieb aufgenommen und
einen sehr heterogenen Kundenkreis zu bedienen hat.

Einbezogen in die Untersuchung wurden das Zentralsystem mit Hauptrechner, Vorrechner, Klarschriftleser und Datenendgeräten und das Betriebs-
personal von 17 Mitarbeitern für das Jahr 1975.

Der Preis für die gekauften Geräte betrug insgesamt 6 Mio DM. Die Aufwendungen für das Rechenzentrum beliefen sich 1975 auf rund 2,5 Mio DM.
Dieser Betrag umfaßt die Vollkosten, d. h. Abschreibungen für Gebäude
und Geräte nach steuerlichen Grundsätzen, Energie, Personal, Sachkosten,
Mieten und die Wartung des Systems.

Für den Bereich "Zentrale Datenverarbeitung" wurden per Programm die
Kosten ermittelt, die ein Servicerechenzentrum der freien Wirtschaft bei
vergleichbarer Ausstattung in Rechnung gestellt hätte. Hierbei ergab
sich für 1975 ein Betrag von 5,7 Mio DM. Diesem Betrag stehen die vor-

genannten Aufwendungen gegenüber. Demnach hätte das Rechenzentrum 1975
Einnahmen von 3,2 Mio DM erwirtschaftet.

Die oft zitierte Unwirtschaftlichkeit von Betrieben im öffentlichen
Dienst gegenüber Unternehmen der freien Wirtschaft trifft zumindest für
unser Rechenzentrum nicht zu.

## 6. Künftige Planung

Der 1. Beschaffungsabschnitt 1974/75 war auf eine Minimalausstattung
ausgelegt und sollte die Inbetriebnahme des Klinikums Großhadern in
der ersten Belegungsstufe ermöglichen. Der stufenweise Ausbau in weiteren Beschaffungsabschnitten soll es erlauben, die Investitionen dem
tatsächlichen Bedarf und den vorhandenen Programmen und Mitarbeiter-
zahlen ökonomisch anzupassen.

Im 2. Beschaffungsabschnitt 1976/78 steht die Inbetriebnahme weiterer
Betten in Großhadern, die Übernahme weiterer verwaltungsbezogener Aufgaben, die Unterstützung der Lehre und die Entwicklung medizinischer
Anwendungsprojekte im Vordergrund. Die wachsenden Datenbanken und die
erweiterten Aufgaben erzwingen den Ausbau des zentralen Rechnersystems.
Im 2. Beschaffungsabschnitt soll das vorhandene System 4004/151 daher
erweitert und die Grenze seiner Leistungsfähigkeit mit steigender Last
erreicht werden.

Gleichzeitig wird auch geprüft, in welcher Form die Zusammenarbeit mit
anderen Rechenzentren des öffentlichen Gesundheitswesens intensiviert
werden kann. Als Fernziel scheint ein Verbund von Rechnern und Rechenzentren im Gesundheitswesen denkbar. Eines der Hauptprobleme dabei wird
die Sicherstellung des Datenschutzes sein.

Für die Projektteams der Gruppe Anwendungsprogrammierung sind drei
Schwerpunkte zu nennen:

-    Abschluß bzw. Weiterführung der Verwaltungsprojekte im Klinikum
     Großhadern
-    Einführung dieser Verfahren in den Innenstadtkliniken
-    in zunehmendem Maße Bearbeitung medizinorientierter Aufgaben.

## 7. Zusammenfassung

Wir haben in den ersten Jahren unserer Arbeit den Schwerpunkt auf die
Unterstützung des krankenhausbetrieblichen Arbeitsablaufes und der Verwaltung gelegt. Wir führen die wesentlichen Daten zusammen, bearbeiten

sie und geben sie gezielt und in der geforderten Form an die jeweils
berechtigte Stelle weiter. Wir entlasten damit das medizinisch-ärzt-
liche Personal und die Mitarbeiter in Pflege und Verwaltung. Wir stellen den Klinikdirektoren und der Krankenhausdirektion Daten als Grundlage für Entscheidungen zur Verfügung. Wir werden künftig in verstärk-
tem Maße an medizinischen Projekten mitarbeiten.

Wir sind bestrebt, in enger Zusammenarbeit mit den jeweiligen Fach-
kräften das Werkzeug "Computer" für Medizin und Verwaltung dieses Fachbereichs nutzbar zu machen - nicht als Selbstzweck, sondern für den
Patienten und letzten Endes auch zum Vorteil des Steuerzahlers.

<u>Datenverarbeitung in der Klinischen Chemie</u>

M. KNEDEL

Die Laboratoriumsmedizin bzw. Klinische Chemie hat im letzten Jahrzehnt
eine besonders intensive Entwicklung genommen. Die im Rahmen der klinischen Diagnostik angeforderten Untersuchungszahlen verdoppelten sich
alle fünf Jahre - eine Tendenz, die in allen Ländern mit modernen Ge-
sundheits- und Krankenhaussystemen übereinstimmend erkennbar war. Die
dafür notwendige Leistung konnte nur durch eine Zentralisierung erreicht werden, da sonst die Beschaffung der apparativ-technischen Ausrüstung und die Gewährleistung der Folgelasten nicht möglich gewesen
wäre.

Die damit verbundene Ausrüstung der Laboratorien mit teil- oder voll-
mechanisierten Geräten führte zu zwei Folgewirkungen:

-   die <u>zeitliche Inanspruchnahme</u> des medizinisch-technischen Perso-
    nals änderte sich (während früher medizinisch-technische Assisten-
    tinnen bis zu 90% ihrer Arbeitszeit für die eigentliche analytische
    Tätigkeit aufwendeten, waren sie nunmehr bis zu mehr als 70% ihrer
    Arbeitszeit mit der Probenverteilung und dem Erstellen von Arbeits-
    und Ergebnislisten und Befundberichten beschäftigt) und
-   es erwies sich zunehmend als unmöglich, die <u>steigenden Datenmengen</u>
    mit konventionellen Verfahren zu bewältigen, zumal bei wachsenden
    Belastungen die Fehlerquoten erheblich anstiegen.

Daher ergab sich die Notwendigkeit, für zentralisierte klinisch-chemische Institute von Großkrankenhäusern eine Neuorganisation in allen
Schritten des Arbeitsablaufes vorzunehmen, sowohl zur Gewährleistung
der Leistung als auch zur Erzielung eines günstigen Nutzen/Kosten-Ver-
hältnisses.

Das Klinisch-Chemische Institut führt alle für die klinische Diagnostik
notwendigen Untersuchungen auf dem Gebiet der Klinischen Chemie, Haema-
tologie, Immunchemie und Nuclearchemie durch. Zugleich nimmt es die
Aufgaben des Lehrstuhls für Klinische Chemie im Fachbereich Medizin der

Universität München wahr. Zur Versorgung des Klinikums Großhadern mit einem Endausbau von ca. 1500 Betten - davon rd. 150 Intensivbetten, die eine besonders hohe Belastung des Labors erbringen - und mehr als 100.000 ambulanten Patienten sowie zur Erledigung zusätzlicher im Rahmen einer Gesamtplanung der Versorgung des Fachbereichs Medizin mit Laboratoriumsuntersuchungen anfallenden Analysen, mußte einerseits eine geeignete Ausrüstung mit Analysengeräten beschafft, andererseits ein organisatorisches Konzept gefunden werden, das die erforderliche Leistung mit optimaler Effizienz gewährleistet. Im Rahmen der Gesamtorganisation nimmt die elektronische Datenverarbeitung eine zentrale Stellung ein.

Das EDV-System besteht aus einem <u>Verbundsystem von vier Zentraleinheiten</u> der neuen Prozeßrechnerserie SIEMENS 330/340 mit entsprechender Rechnerperipherie. Durch Aufteilung der anfallenden Datenerfassungs- und Verarbeitungsaufgaben in verschiedene Bereiche und jeweils auf eine Zentraleinheit mit speziellen peripheren Geräten wird eine ständige volle Auslastung und durch einen Austausch der Rohdaten und Abspeicherung dieser auf einer korrespondierenden Anlage eine Ausfallsicherheit des Systems erreicht.

Alle Arbeitsplätze des Instituts sind mit dem Rechnersystem on-line verbunden. Dafür wird das SILAB-System eingesetzt, bei dem durch Verwendung von Meßwertvorverarbeitungs-Einheiten an den einzelnen Analysengeräten bereits am Arbeitsplatz eine erste Stufe der Datensicherung realisiert wird. Für die Datenübertragung wird eine normierte Hardware-Schnittstelle und ein normierter Datensatz verwendet. Entscheidend ist der Einsatz einer direkten Probenidentifizierung, bei der die Probengefäße visuell und maschinell lesbar sind, so daß Übertragungsfehler ausgeschlossen werden. Der Engpaß bei der Probenverteilung auf die einzelnen Arbeitplätze wird durch eine rechnergesteuerte Probenverteilungsanlage überwunden, in der sowohl Untersuchungsmaterial als auch Information entsprechend den Anforderungen und den Arbeitskriterien aufgeteilt werden.

Das neue EDV-System, das in einer sehr eingehenden und kritischen Begutachtung durch die Fachgutachtergremien des Landes und des Bundes begutachtet wurde und das vom Prozeßrechnerausschuß der DFG und entsprechend vom Wissenschaftsrat als beispielhafte Lösung beurteilt wurde, wird nach einer koordinierenden Maßnahme des Bayerischen Staatsministeriums für Unterricht und Kultus in allen Zentrallaboratorien bzw. Klinisch-Chemischen Instituten der Landesuniversitäten eingesetzt.

Beim Aufbau und der Entwicklung dieses Systems in Großhadern werden
die Erfahrungen verwertet, die bei der Durchführung eines Forschungs-
projekts zur Einführung der EDV im Klinisch-Chemischen Laboratorium
am Städtischen Krankenhaus München-Harlaching in den Jahren 1969 bis
1974 gewonnen wurden, das durch eine großzügige Förderung des Bundes-
ministers für Forschung und Technologie ermöglicht wurde; die Landes-
hauptstadt München hat gleiche Systeme in den Großkrankenhäusern Neu-
perlach und Schwabing installiert.

Die Entwicklung des Systems in Großhadern erfolgt durch die gleiche
Arbeitsgruppe. Damit ist eine kontinuierliche Nutzung der Förderungs-
mittel und der bei diesen Entwicklungsaufgaben gewonnenen Erfahrungen
möglich, so daß ein System entsteht, das den modernsten technischen
Stand und Wissensstand einsetzt. Es ist gekennzeichnet durch:

- ein funktionsgerechtes Anforderungssystem mit probenverbundenem
  Anforderungsformular,
- eine automatische rechnergesteuerte Probenverteilung,
- direkte Probenidentifizierung,
- On-line-Anschluß der Meßgeräte,
- Real-time-Meßwerterfassung- und Verarbeitung,
- Datensicherung in mehreren Stufen,
- umfassende Echtzeit-Qualitätskontrolle,
- zentrale interaktive Steuerungsmöglichkeit,
- interaktive Programmvariation,
- Datenpräsentation in benutzergerechter Form,
- Ausgabe von Sofortmeldungen,
- simultane Befundausgabe,
- patientenorientierte Ergebnisarchivierung und
- ein Datenretrieval-System für Labormeßwerte.

Plausibilitätskontrollen, der Einsatz von Befundmustererkennungsver-
fahren und speziell ausgearbeiteten Clustertechniken für klinisch-
chemische Analysen erhöhen die Sicherheit und die Validierung der Ergebnisse.

Durch den Einsatz der elektronischen Datenverarbeitung wird die Leistung entscheidend gesteigert. Erfahrungen aus den genannten vorher
entwickelten Systemen haben gezeigt, daß bei weit verbesserten Bedingungen für das medizinisch-technische Personal auf den Arbeitsplätzen
die Leistung um ein Mehrfaches erhöht wurde. Damit wird eine entscheidende Personaleinsparung möglich, die sich bei diesem kostenintensiv-
sten Faktor im Krankenhausbereich wesentlich auswirkt. Während in mo-

dernen Zentrallaboratorien ohne EDV-Unterstützung heute ca. 20.000
Untersuchungen pro Assistentin und Jahr als Richtzahl gelten, wird im
hiesigen Institut nach voller Inbetriebnahme eine Zahl von 70.000
Untersuchungen angestrebt. Entscheidend ist weiter der Gewinn an Schnelligkeit, Sicherheit, Richtigkeit und Präzision. Die Datenpräsentation
in Form kumulativer Befundberichte ermöglicht eine bessere Information
der klinisch tätigen Ärzte, eine umfassende Auswertung der Daten und
damit einen Informationsgewinn.

Schließlich wird durch den Einsatz der EDV mit allen organisatorischen
Wirkungen und der Verbesserung von Leistung und Sicherheit ein wesentlicher Wirtschaftlichkeitseffekt erreicht, wie eingehende Studien an
dem Vorprojekt in Harlaching gezeigt haben. Diese Wirkung wird hier
durch die Implementierung von Steuerungs- und Überwachungsmöglichkeiten
mit Hilfe der EDV noch erhöht werden.

Das System, dessen Beschaffung zum Jahresende 1975 genehmigt wurde, wird
in einer ersten Stufe in Kürze den vollen routinemäßigen Betrieb auf-
nehmen.

<u>Datenverarbeitung aus der Sicht der Verwaltung</u>

F. J. BURGDORF


Datenverarbeitung aus der Sicht der Verwaltung in der Thematik Alternativen medizinischer Datenverarbeitung erfordert eine Standortbestimmung, soll dieses Thema nicht auf die Beantwortung der naheliegenden Frage "Kosten und Effizienz" begrenzt werden. Gegenstand dieser Übersicht soll daher mehr das Denken über die Sache sein.

Bei der Ausschreibung dieses DV-Systems 1972 lebten wir in einer Periode der Computer-Euphorie. Allumfassende Krankenhausmanagement-Systeme waren nach gängiger Ansicht die anzustrebende Lösung. Der damals, vor allen Dingen auf dem ärztlichen Informationssektor geforderte Aufwand mußte eine erkennbar weitere Verschlechterung der schon defizitären Lage der Universitätskliniken mit sich bringen. Eine bereits 1971 im Rahmen eines Forschungsauftrages der DFG angestellte Analyse der Datenverarbeitung in integrierten Universitätskliniken war nicht ohne Einfluß darauf, daß die Installation einer eigenen leistungsfähigen Anlage nur unter gewissen Voraussetzungen eine ökonomische Berechtigung hat.

Die sich damals abzeichnende Kostensteigerung durch höhere technische Anforderungen der modernen Medizin, besonders der universitären, vor allem durch Personal- und Materialmehrbedarf bedingt, die sich abzeichnenden Strukturänderungen von der Einzelklinik zum Zentrum mit gemeinsamer Nutzung aufwendiger Ressourcen, mußten mit in diese Überlegungen einbezogen werden. Allein dieser Weg bot die Möglichkeit, die hohen Kosten einer modernen Universitätsmedizin auf das unbedingt erforderliche Maß zu beschränken.

Logisch war somit die Forderung nach Ökonomie in universitären klinischen Einrichtungen, nämlich die Möglichkeit der Optimierung von Leistungen, effizientem Personaleinsatz, Steuerung von Betriebsabläufen und Übernahme der Verwaltungsleistungen. Diese Forderungen waren daher gleichberechtigt neben der medizinischen Aufgabenstellung bei der Planung einer eigenen DV-Installation.

Entkleidet man nämlich den Computer vom Hauch des Mystischen und definiert man den Begriff "Datenverarbeitung", so besteht kein zwingender
Zusammenhang zwischen dem Rechenautomaten und der Wissenschaft von der
rationellen Informationsverarbeitung. Was lag also näher - unbeeinflußt
von der damaligen allgemeinen Auffassung - als die Gemeinsamkeit mit
der medizinischen Datenverarbeitung zu suchen, zumal jede ärztliche Anordnung ebenso einen Verwaltungsvorgang auslöst, wie ein den Patienten
betreffender Verwaltungsvorgang medizinische Aktivitäten.

Datenverarbeitung aus der Sicht der Verwaltung bedeutet aber auch eine
Begriffsdefinition dieser Verwaltung selbst. Früher, im Rahmen universitärer Einzelkliniken, war die Klinikverwaltung eine Tätigkeit, die bestimmte Bereiche nach gegebenen Weisungen ordnete und gestaltete.

Mit der Bildung universitär-integrierter Einrichtungen ebenso wie im
kommunalen Bereich und damit der Einordnung des Patienten in die hierfür notwendigen neuen Strukturen, beginnt aber auch ein neuer Prozeß in
der Entwicklung administrativer Aufgaben.

Der medizinische Direktor der Einzelklinik - weitgehend im universitären Bereich der Verwaltung gegenüber weisungsberechtigt -, der die Wirtschaftlichkeit mit hausväterlichem Verstand betrieb, wird unter Anpassung an die notwendigen Korrekturen im organisatorischen Aufbau diese Funktion an den Administrator abgeben müssen.

Im Sinne des Wortes muß der medizinische Administrator Vertreter der
Einheit von Medizin und Verwaltung sein. Über ihn müssen die Ziele
nachgeordneter Verwaltungsinstanzen, die dienende Aufgabe zur Erfüllung
medizinischer Notwendigkeiten, die haushaltrechtlichen und die betriebswirtschaftlichen überwachenden Aufgaben für alle Bereiche und Teilberei-
che wertneutral wahrgenommen werden. Dieses gilt insbesondere für die
fiskalische Realität unserer Tage.

Dabei ist es durchaus nicht selbstverständlich, daß liebgewordene Ge-
wohnheiten oder Machtpositionen im Rahmen alter Strukturen freiwillig
zu Gunsten übergeordneter Gesichtspunkte aufgegeben werden.

Diese Realitäten wurden von den medizinischen Kollegen durch die Vorla-
ge eines Gesamtkonzepts des Fachbereichs Medizin dieser Universität im
Frühjahr 1975 erkannt und die Gemeinsamkeit von Administration und me-
dizinischem Direktorat mit in das Konzept aufgenommen. Den Verwaltungs-
kollegen fällt es offenbar mancherorts schwer, der jahrzehntealten betriebswirtschaftlichen Erkenntnis von der Untrennbarkeit von Verant-

wortung und Kompetenz Rechnung zu tragen.

Die Weisungsabhängigkeit der Klinik von der Universität bzw. der Kultusverwaltung läßt eine Verantwortungsfähigkeit im Ablauf des Betriebsprozesses nicht zu, dieses insbesondere bei der Kompliziertheit integrierter medizinischer Universitätszentren. Die vom Fachbereich angestrebte Anbindung der Administration des Gesamtklinikums des Fachbereichs in die Universität trägt dem Rahmen des heute Möglichen, den erkannten Notwendigkeiten ausreichend Rechnung.

Die gesetzlichen Erfordernisse der Bundespflegesatzverordnung und der ökonomische Zwang werden dazu führen, daß die Kultusverwaltung diese klinischen Unternehmungen in einer dem Eigenbetrieb angelehnten Rechtsform, oder in einer betriebswirtschaftlich sinnvollen Form, weitgehend selbständig handeln läßt. Das ihr obliegende und zu fordernde Aufsichtsrecht bleibt davon unberührt.

Das Miteinander von Medizin und Administration ist durchaus realisierbar, wenn die Administration die zur Beurteilung medizinischer Forderungen und Erfordernisse notwendige Qualifikation besitzt. Darüber hinaus muß sie über eine integrierte Datenverarbeitung Kenntnis vom Geschehen und der daraus betriebswirtschaftlich abzuleitenden Konsequenzen haben.

Wenn man auch bei der Übernahme amerikanischer Einrichtungen aus der Erfahrung recht skeptisch sein sollte, so ist für diese Bereiche der "medical administrator" mittelfristige Forderung unserer Zeit. Nur das Miteinander im Rahmen einer vertrauensvollen Zusammenarbeit wird uns in der Zukunft in die Lage versetzen, unseren Aufgaben in der hochqualifizierten Krankenversorgung, der medizinischen Forschung und Lehre in einem ökonomisch vertretbaren Rahmen gerecht werden zu können.

Doch nun zur Datenverarbeitung selbst:

Spezialisten dieses Faches gab es schon im Altertum. Archimedes, Aristoteles, in neuerer Zeit Machiavelli und Pascal waren es, die auf dem Wege der systematischen Untersuchung durch die Übersetzung in entsprechende mathematische Begriffe und Modelle die Problemlösung suchten.

Folgt man den Anhängern von Hard- und Software, so hat der Computer der Menschheit größeren Nutzen gebracht, als alle Erfindungen vorher. Auch nach mehr als 20 Jahren Erfahrung zeigt sich, daß auf der einen Seite Datenverarbeiter sachliche Argumente zu Problemen bringen, deren Grund-

kenntnisse sie nie erlernten, daß auf der anderen Seite Verwaltungsfach-
leute zu DV-Problemen Stellung nehmen, die sie nur zu beherrschen glauben. Beide Gruppen vertrauen der Allmacht dieses Gerätes umso bereit-
williger, je weniger sie seine Gesetzmässigkeiten durchschauen.

Tatsächlich ist die Entscheidungsfindung, nämlich Vor- und Nachteile zu
wägen und vergleichend zu analysieren, eine Tätigkeit, die ein Denkver-
mögen erfordert und die nicht nur logisch gelöst werden kann. Somit ist
die Hoffnung, dem Computer die selbständige Entscheidungsfindung zu über-
lassen, zum Trugschluß verurteilt. Dieses sei denen gesagt, die heute
noch glauben sollten, daß allein durch eine maschinelle Datenverarbeitung die Probleme des Krankenhauses gelöst sind.

Die Datenverarbeitung im Krankenhaus fordert aber die klare Formulierung der anstehenden Probleme. Durch sie werden Informationen in einem
Umfang zur Verfügung gestellt, die bisher nicht in der Form vorhanden,
nunmehr verarbeitet werden können und somit die für eine Entscheidungs-
grundlage für eine ökonomische Führung, insbesondere einer großen Einrichtung, bilden. Hierin besteht letztlich der feine Unterschied zwischen Preis und Wert der Datenverarbeitung. Die für die Führung eines
Unternehmens - und ein solches ist ein medizinisches Universitätszen-
trum - erforderlichen irrationalen Fähigkeiten, wie Intuition, Initia-
tive, auch Phantasie, zeichnen sich dadurch aus, daß sie spontan aus
den Zentren des menschlichen Gehirns entspringen, die besser als alle
Computer der Welt die Erfahrungen in Form erworbener Erkenntnisse wie-
dergeben. Hierbei sind Rationales und Irrationales keine scharf voneinander getrennten Gegebenheiten, sondern ohne Abgrenzung ineinander über-
gehende  Zustände.

Alles was die Maschine kann, kann der Mensch im Prinzip auch, nur langsamer. Ein Satz ohne Umkehrmöglichkeit, der auch die Stellenwertigkeit dieser Institution im Rahmen einer Verwaltung widerspiegelt. Das Wissen
aller über alles ist so umfangreich, daß die Forderung nach einer Institution, die eine qualifizierte wertneutrale Auswertung der Daten vor-
nimmt und den jeweils Beteiligten entsprechende Detailinformationen zu-
kommen läßt, nicht nur logisch, sondern unabweisbar ist. Denn nichts ist
kostenaufwendiger als eine Informationsflut an diejenigen, die letztlich
nichts mit diesen Informationen anzufangen wissen.

Mit der Erkenntnis, daß der Computer logisches Denken und Vorgehen erfordert und somit nicht nur die Verarbeitung, sondern auch die Datenein-
gabe zu einer technischen Disziplin macht, verbindet sich sofort das per-
sonelle Problem in einer modernen Verwaltung.

Während sich die medizinische Datenverarbeitung von Beginn an als zur
Wissenschaft von der rationellen Informationsverarbeitung gehörig be-
trachtete und somit entsprechend qualifiziertes Personal forderte und
bekam, rekrutiert sich zu einem nicht unerheblichen Teil das Personal
der Verwaltungen aus Bediensteten, die nicht die Chance der fachlich
höher Qualifizierten in der Industrie nutzen konnten. Hier wird ein
längerer Bildungs- und Ausbildungsprozeß erforderlich, den wir uns
aber zeitlich nicht leisten können.

Der Träger der Institution muß alle verfügbaren Mittel für eine Transparenz des Geschehens nutzen, um dadurch mögliche Rationalisierung und
betriebswirtschaftliche Einflußmöglichkeiten wahrnehmen zu können und
somit vermeidbare Kostenfaktoren auszuschalten.

In unseren Ausgangsüberlegungen 1971/72 ging auch die notwendige Be-
triebsführung in der anzustrebenden Form des Eigenbetriebes und somit
eines Rechnungswesens mit ein, das auf Grund doppelter kaufmännischer
Buchführung eine der Industrie angeglichene betriebswirtschaftliche
Auswertung und Betriebssteuerung ermöglichte.

Es kann nicht Aufgabe einer kostenaufwendigen EDV-Installation sein, als
maschinelle Hauptbuchhaltung mißbraucht zu werden. Das begründet unsere
kritische Einstellung zu den allein hierfür konzipierten Programmen im
Sinne einer einheitlichen Buchführung der Krankenhäuser. Solange hier
keine geeigneten Programme vorhanden sind, muß versucht werden, die
Möglichkeiten des industriellen Rechnungswesens zu nutzen. Auf die dabei
auftretenden Schwierigkeiten in der Organisation soll nicht weiter eingegangen werden. Unsere Aufgabe ist es aber, kurzfristig die Voraussetzungen für Transparenz und für eine Betriebssteuerung zu schaffen,
dieses in Gemeinsamkeit mit den Leitern der medizinischen Einrichtungen.

Ein optimaler Einsatz der Datenverarbeitung setzt die Kenntnisse be-
stehender Verhältnisse voraus, fordert aber gleichzeitig nicht nur die
Einbettung in den Rahmen einer bestehenden und gewachsenen Organisation,
sondern auch die Berücksichtigung künftiger Strukturänderungen. Letztlich bedeutet dieses einen erheblichen Mehraufwand, wenn man nicht
schrittweise Lösungsmöglichkeiten sucht, die ohne Bindung an die alte
Form diese ablösen.

Wir waren in den Überlegungen über die rechtliche Stellung des Rechenzentrums der Universität für den Fachbereich der Medizin aus unserer
Aufgabenstellung heraus bemüht, den Status einer zentralen Verwaltungs-
einrichtung zu bekommen, um so unabhängig von allen Demokratisierungs-

modellen und Selbstverwaltungsorganen handeln zu können.

Die Einschränkung auf den Fachbereich Medizin bedeutet nicht nur eine Einschränkung des Aufgabenbereiches, sondern gleichzeitig den zu gewährleistenden Schutz der medizinisch- verwaltungsbezogenen integrierten Daten des Patienten.

Datenverarbeitung aus der Sicht der Verwaltung ist ein Thema, das in seiner ganzen Breite nicht in der Form einer Übersicht abzuhandeln ist. Sie ist ein Instrumentarium in der Hand einer Administration, das zum Segen, aber auch zur Gefahr werden kann.

Eine Anwendung in einem Dienstleistungsbetrieb, in dem der Mensch Mittelpunkt und die Humanitas Hauptrolle spielen muß, erfordert die Fähigkeit des Abwägens wirtschaftlicher Problemlösungen mit den zahlenmässig nicht zu erfassenden Werten wie Freiheit und Humanitas dieses Bereiches.

Die unbedachte Einräumung eines höheren Stellenwertes für den wirtschaftlichen Sektor muß zwangsläufig zu einer Reaktion der ihres Vorranges beraubten menschlichen Persönlichkeit führen.

Der heute unter dem Kostendruck entstehende Zwang zu zweckmässiger Organisation, zur Rationalisierung im Gesundheitswesen und somit auch im Krankenhaus, ist eine unbestrittene ökonomische Notwendigkeit. Realisierung unter zeitlichem Druck und unter Erfolgszwang bedeutet aber ein nichtkalkulierbares Risiko für die Betroffenen. Insbesondere dann, wenn man aus höherer Sicht oktroyiert und nicht die Individualität dieser Dienstleistungsbetriebe ausreichend berücksichtigt.

Wir waren uns von Anfang an darüber klar, daß die Individualität universitärer Kliniken Eigenentwicklungen der Datenverarbeitung erfordert. Wir sind das Risiko dieser Eigenentwicklungen eingegangen und haben hierbei nicht nur positive, sondern teilweise auch durchaus bittere Erfahrungen gemacht, zum Beispiel bezüglich des Umfangs der uns obliegenden Aufgabe und der im Vergleich dazu mikroskopischen personellen Ausstattung.

Resümee unseres bisherigen Lern- und Erleidensprozesses ist die klare Erkenntnis, daß die Verwaltung großer klinischer Universitätseinrichtungen ohne den Einsatz einer Datenverarbeitung heute und künftig nicht mehr machbar ist.

Projekterfahrung aus der Sicht eines Herstellers

P. PRIBILLA


Am einfachsten hat es bei einem so interessanten Projekt wie der Datenverarbeitung in einem Universitätsklinikum natürlich der Hersteller.
Festgeschrieben sind die Modalitäten, unter denen zeitlich und organisatorisch ein solches Projekt verläuft:

Auf die Ausschreibung folgt das Angebot, auf das Angebot die Verhandlung,
auf diese der Auftrag. Pünktlich erfolgt auch die Bezahlung der Rechnung.
Die Bestellung des Vertriebs geht an die Fabrikation, es wird geliefert,
eingeschaltet und in Betrieb genommen, und rechtzeitig zur Eröffnung
heißt es: Alle Systeme laufen.

Dies klingt wie ein modernes technisches Märchen. Es sei versichert: Es
ist auch eines - die Realität weicht hiervon ein wenig ab.

Die ersten Vorarbeiten am Dv-Projekt Großhadern begannen bereits im Jahr
1963, Gespräche und Diskussionen mit der damaligen Verwaltungsdirektion
insbesondere über die Fragen: Was ist wünschenswert? Was ist machbar?

Eine erste Studie entstand Ende 1969. Es folgten Abstimmungen von bau-
lichen Maßnahmen bis hin zum vollständigen Holzmodell des Rechenzentrums.
Eine Vielzahl von Gesprächen und Verhandlungen - ab 1970 auch mit der
Leitung des Rechenzentrums - mündeten, diesmal bereits unter Einbeziehung
eines finanziellen Rahmens, in eine neue Studie Anfang 1972.

Mit der Zeit änderten sich immer wieder die Dv-Systeme und Konzepte. Der
Baufortschritt wurde von der höheren Innovationsrate der Datenverarbeitung überholt. Dies stellte naturgemäß Bau- und Dv-Planer jeweils vor
neue Probleme. Gleichzeitig aber wurden auch die Vorstellungen über das
Dv-Konzept des Klinikums realistischer. In dieser Phase stellt sich dann
eine Grundsatzfrage: Sollte und konnte man alle Systeme von einer oder
mehreren vergleichbaren deutschen oder US-Installationen übernehmen oder
sollte und mußte man eigene, neue Wege beschreiben?

Die Antwort fiel nicht leicht. Nach und nach aber schälte sich ein möglicher Kompromiß heraus: Man übernehme soviel wie möglich von ähnlich gearteten Dv-Installationen, und modifiziere diese dann entsprechend den speziellen Anforderungen von Großhadern.

Die Ausschreibung für das zentrale Dv-System erfolgte Ende 1972. Nach dem Angebot mehrerer großer Dv-Hersteller kam es dann zu einer Vorentscheidung. Die Installation der zentralen Dv-Anlagen erfolgte im Januar 1974. 8 Monate nach der Installation kam die offizielle Auftragserteilung.

Ähnlich, wenn auch zeitlich etwas gestrafft, verlief die Projektvergabe für die Dv-Systeme in der Klinischen Chemie, mit dem Unterschied, daß hier die offizielle Auftragsvergabe bereits 5 Monate nach der ersten Teilinstallation im Dezember 1975 erfolgte.

Mit den konkreten programmtechnischen Vorarbeiten für die zentrale Datenverarbeitung wurde Mitte 1973 begonnen. Neben den Mitarbeitern des Rechenzentrums waren 5 Dv-Organisatoren bzw. Systemberater des Hauses Siemens eingesetzt. Sie arbeiteten insbesondere für die wichtigsten Schwerpunktprojekte in gemeinsamen Projektteams: Patientenaufnahme, Rechnerkopplung, Datenbank, Patientenabrechnung, Apotheke, Lagerwesen und Finanzbuchhaltung. Diese Phase entsprach dem angestrebten Ziel, bereits Bewährtes zu übernehmen, zu modifizieren und einzusetzen, wobei gleichzeitig allgemein anwendbare Systeme entstehen sollten.

Der Lerneffekt trat dann sehr bald auf. Es zeigte sich nämlich, daß der angestrebte Weg nicht ohne Konflikte war. Bereits bewährte Dv-Programme übernehmen, heißt gleichzeitig immer auch: Die Organisation paßt sich dem Dv-System an. Warum konnte das nicht problemlos funktionieren?

Nun, zum einen befand sich die Organisation des Klinikums zu diesem Zeitpunkt ja keineswegs mehr in der Stunde Null, auf der sprichwörtlichen "grünen Wiese", sondern hatte längst eigene Vorstellungen und Organisationssysteme entwickelt. Zum anderen hatte sich gerade in diesem Zeitraum ein grundlegender Wandel bei der Überlegung nach Sinn und Zweck einer solchen Dv-Installation im Krankenhaus vollzogen. Das von verschiedensten Seiten hochgezüchtete Streben nach einem "allumfassenden Krankenhaus-Informationssystem" war zunehmend vom Trend zur Transparenz des Betriebsgeschehens und zum kaufmännischen Rechnungswesen abgelöst worden. Dem konnte naturgemäß kein vorhandenes System entsprechen, weder das einer deutschen, geschweige denn einer amerikanischen Dv-Installation.

Blieb also der andere Weg, nämlich der, aufbauend auf den bereits vorhandenen Erfahrungen die wichtigsten Dinge neu zu programmieren. Kein

Problem: Hierzu braucht der versierte Datenverarbeiter lediglich ein Organisations- und Ablaufschema. Und genau das war das Problem. Wer verfügte über alle erforderlichen organisatorischen Ablaufschemata in einer Form, die dem Datenverarbeiter als Konzeptgrundlage dienen konnte?

Die Verwaltung, selber gezwungen, die Organisation des Klinikums den sich wandelnden Erfordernissen anzupassen, konnte dies nicht erfüllen, zumindest nicht in der nötigen Feinstruktur und in der zur Verfügung stehenden Kürze der Zeit.

Es begannen wahre Serien von Konzeptbesprechungen, aber, wenn dies im Einzelfall auch eine Lösung bringen konnte: Bei der zur Verfügung stehenden Zeit war der iterative Konzeptbildungsprozeß einfach zu langwierig, als daß er eine in allen Fällen termingerechte Lösung hätte bringen können.

Bundes- oder landeseinheitliche Konzepte oder Verfahren fehlten damals praktisch noch völlig - und sind auch heute nur auf wenigen Gebieten in Modellvorhaben gelöst. Es sollte andererseits auch nicht Aufgabe der Projektteams sein, bundesweit verwendbare Lösungen zu erarbeiten. Man konnte bei der nötigen Konzentration auf das Projekt Großhadern aber übertragbare Lösungen aufzeigen.

Es gelang für die aufgetretenen Probleme eine Lösung zu finden. Der Anstoß kam - wie so oft auch hier - von der Seite der Kosten. Steigende Kosten im Gesundheitswesen - aber warum? Wer diese Frage stellt, stellt ganz primär die Frage nach der Transparenz, nach der Wirtschaftlichkeit. Wenn die Forderung besteht, den Grundsätzen der Sparsamkeit und Wirtschaftlichkeit in der Krankenhausversorgung ein stärkeres Gewicht zu geben, so hat dies zur Voraussetzung, daß ein Krankenhaus wie ein moderner Wirtschaftsbetrieb mit einer kaufmännischen Buchführung und einer aussagefähigen Betriebsabrechnung geführt werden muß.

Und damit stellte sich automatisch die Frage nach Systemen und Verfahren, wie sie in der industriellen Wirtschaft bereits im Einsatz sind, weil dort diese Frage immer auch eine Frage des Überlebens ist. Und in dem Maße, in dem sich heute in der öffentlichen Verwaltung ein nach kaufmännischen Gesichtspunkten ausgerichtetes modernes Rechnungswesen durchsetzt, sind solche industrielle Verfahren auch in der öffentlichen Verwaltung, also auch im Krankenhaus einsetzbar. Genannt seien hier:

- Finanzwesen mit Debitorenbuchhaltung und Anlagenbuchhaltung,
- Lagerwesen,

- Datensammelsysteme,
- Auskunfts- und Datenbanksysteme und
- Datenaustausch mit Vorrechner und Satellitensystemen.

Dieser Weg der Erfahrungsnutzung wurde in Großhadern, nachdem er sich
als sinnvoll und praktikabel erwiesen hatte, konsequent beschritten.
Die Lösung hieß also nicht: Alles von ähnlichen Installationen zu übernehmen, auch nicht, alles neu zu schreiben. Die Lösung heißt vielmehr:

Erfahrungen aus praktisch erprobten Systemen und Verfahren der Industrie
weitestgehend zu nutzen - teilweise bis hin zur direkten Übernahme von
Programmen - und gleichzeitig solche Verfahren und Systeme aufzubauen,
wie sie für die spezifischen Belange eines Krankenhausbetriebes erforderlich sind. Wie sich zeigt: Eine erfolgreiche Lösung.

Ein solches Vorgehen wäre noch vor wenigen Jahren unmöglich gewesen. Man
denke dabei nur an den Gegensatz zwischen einer modernen Buchhaltung und
der Kameralistik. Nebenbei bietet eine solche Übernahme von Systemen den
Vorteil, daß diese jeweils sehr schnell dem neuesten Stand angepaßt werden. Die Industrie kann und muß hier sicherlich schneller reagieren, als
es eine öffentliche Verwaltung gemeinhin tun kann. Diese Verfahren bis
in alle Bereiche des Klinikums durchgreifen zu lassen, erfordert ohnehin
noch genug Organisationsarbeit.

Die bereits genannten Schwerpunkte bildeten die erste Stufe dieses Projektes und wurden im wesentlichen innerhalb von zwei Jahren erarbeitet
und in den Routineeinsatz überführt. Nach dem Abschluß der ersten Rea-
lisierungsstufe werden von uns heute verschiedene Verfahren und Systeme zusammen mit den beteiligten Gruppen der Universität weiterentwickelt und gepflegt. Eine Kooperation zwischen Industrie und Universität - in manchen Fällen nicht ohne Problematik - hier hat sie sich bewährt und war mit eine Voraussetzung für das Gelingen.

Wie beantwortet sich nun die Frage nach der Übertragbarkeit,nach der Multiplizierbarkeit? In der Frage der Wirtschaftlichkeit, der Transparenz
des Betriebsgeschehens, der Informations- und Auskunftssysteme, der Archivierung und Wiedergewinnung von Daten unterscheidet sich das eine
Universitätsklinikum prinzipiell nicht von einem anderen. Somit sind
die hier genannten Systeme verfügbar und mehrfach einsetzbar. Die gleichen Forderungen werden heute zunehmend auch in Krankenhäusern mittlerer Größe gestellt. Hier sind sicher nicht alle Verfahren und Systeme
direkt multiplizierbar, aber - und das ist praktisch genau soviel wert -
bausteinartig übertragbar und mit entsprechend kleineren Dv-Systemen

einsetzbar. Zunehmender Kostendruck erzwingt den Dv-Einsatz auch in Krankenhäusern mit kleinerer Bettenzahl, hier sicher meist im Verbund mit kommunalen Einrichtungen.

Wenn man den Begriff "Modellinstallation" interpretiert als etwas, an dem man prinzipielle Fortschritte erarbeitet, die unter bestimmten Voraussetzungen multiplizierbar, in vielen anderen Fällen als Bausteine übertragbar sind und, wo dies nicht möglich ist, zumindest zum Nachdenken anregen, dann gilt dieses Wort "Modellinstallation" im Fall des Klinikums Großhadern zu Recht.

Setzt man aus der Sicht des Herstellers die erbrachten Aufwendungen projektgebunden in Relation zu den Erlösen, so ergibt sich, bezogen auf das Projekt Großhadern allein, ganz sicher keine positive finanzielle Bilanz. Erst mit der Frage der Multiplizierbarkeit, der Übertragbarkeit, mindestens aber mit dem Lerneffekt, läßt sich dieses Projekt auch von einer anderen Seite betrachten.

Alle - Hersteller und Anwender - haben sich am Beginn dieses Projektes einiges ganz anders vorgestellt. Der Begriff vom "Allumfassenden Krankenhaus-Informationssystem" wurde ersetzt durch die Tatsache eines "Integrierten Verbundsystems". Wir haben also auch etwas gelernt und Folgerungen in die Tat umgesetzt. Auch Unerwartetes: Nicht bekannte Schwachstellen im eigenen Hause wurden aufgezeigt, und - wenn vielleicht auch nicht immer beseitigt - so doch passierbar gemacht.

Damit ist unser erstes Ziel erreicht: Übertragbare Dv-Verfahren und Systeme laufen im Routine-Einsatz. Erfahrungen aus verschiedenen Einzellösungen wurden zu einem "System" zusammengefügt.

Betrachten wir das ganze durch ein Fernrohr, nicht durch die Lupe, dann heißt unsere Antwort: Das Projekt Klinikum Großhadern hat sich für alle gelohnt.

# II. MEDIZINBEZOGENE DATENVERARBEITUNG

Repräsentative Querschnittsstudie "Orale Kontrazeptiva"

U.KELLHAMMER, B.GIESECKE, K.ÜBERLA

Das Bundesministerium für Forschung und Technologie fördert unter dem
Titel MT 0268 "Nebenwirkungen oraler Kontrazeptiva - Entwicklungsphase"
ein Projekt, das zeigen soll

-   ob in der BRD zu diesem Thema unter vertretbaren Kosten prospektiv
    Daten gewonnen werden können,
-   welche Form der Erhebung am geeignetsten ist,
-   und wie das Untersuchungsprogramm inhaltlich aussehen soll.

Die Studie wird mit verschiedenen Partnern vom Institut für Medizinische Informationsverarbeitung, Statistik und Biomathematik durchgeführt.

Für die Entwicklungsphase wurden vier Pilotprojekte angesetzt (Abb. 1):

-   das Projekt "Repräsentativbefragung", über das berichtet werden soll,
-   das Projekt "Frauenklinik", das in Zusammenarbeit mit der I. Univer-
    sitätsfrauenklinik München (Prof. ZANDER) im November 1975 begonnen
    hat,
-   das Projekt "Betrieb" und das Projekt "niedergelassene Gynäkologen",
    die beide in der Planungsphase sind.

Die Aufgliederung der globalen Zielsetzung ergab folgende, allen vier Projekten gemeinsame Einzelfragen:

1.  Welche Selektionsmechanismen spielen bei der Stichprobenbildung ei-
    ne Rolle, und wie hoch sind die Ausfälle, vor allem im zeitlichen
    Verlauf? [1]
2.  Besteht grundsätzlich die Bereitschaft zu einem Gespräch über Kon-
    trazeption auch gegenüber dem medizinischen Laien?
3.  Was muß an Einstellungen und Verhaltensweisen erhoben werden, um
    subjektive Nebenwirkungen der oralen Kontrazeption zu erkennen?
4.  Welche medizinischen Befunde werden zur Bestimmung objektiver Ne-
    benwirkungen gebraucht, und wo liegt die Grenze zumutbarer Unter-
    suchungsbelastung für die Patientin?

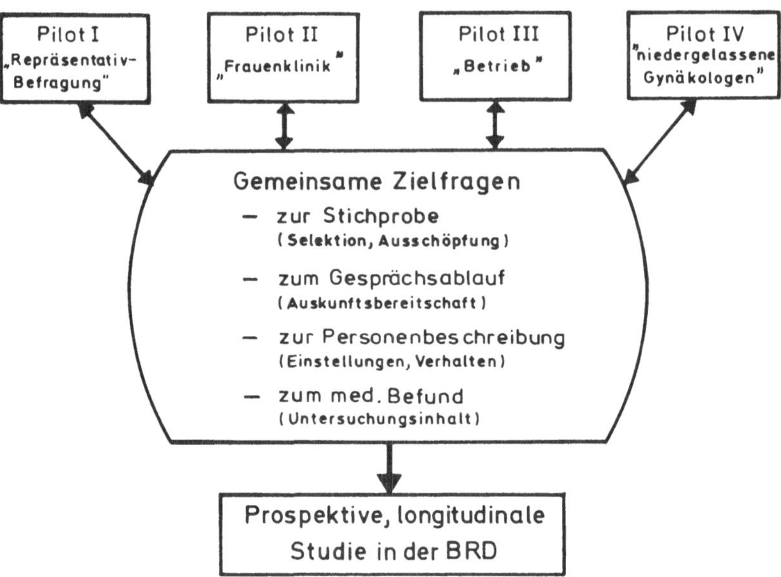



Abb. 1: Zielfragen

Diese Zielüberlegungen führten im Pilotprojekt I zu einem Erhebungsansatz mit den 3 Stufen:

- Befragung
- 1. medizinische Untersuchung
- 2. medizinische Untersuchung und Kurzbefragung

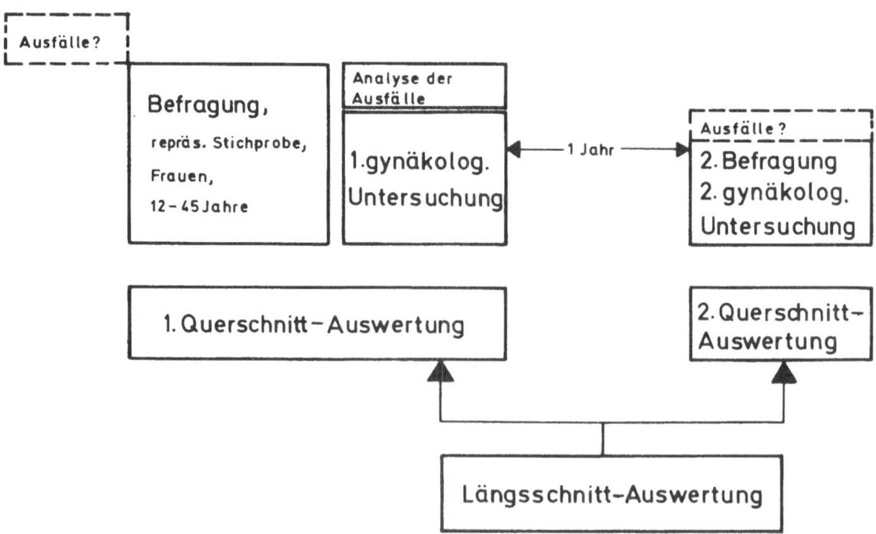



Abb. 2: Daten-Erhebungs- und Auswertungs-Ansatz in Pilot I

Für die 1. Befragung wurde eine repräsentative Stichprobe der weiblichen, in Privathaushalten lebenden Bevölkerung zwischen 12 und 45 Jahren gezogen und zwar sowohl in der Stadt als auch auf dem Land.

Als "Stadt" wurde der Stadtkreis München gewählt, als "Land" der Kreis Dachau.

Die Adreßermittlung und die Durchführung der Interviews lag in den Händen von Infratest, es wurden ausschließlich weibliche Interviewer eingesetzt, Erwachsene und Jugendliche wurden mit dem gleichen Fragebogen befragt.

Am Ende des Interviews wurden die Untersuchungsalternativen zur Wahl gestellt: die Untersuchung

- in der II. Universitätsfrauenklinik (Prof.RICHTER) mit gesonderten, von der Ambulanz unabhängigen Sprechstundenterminen,
- beim eigenen Gynäkologen oder
- bei einem vom Projekt empfohlenen Gynäkologen, falls die Befragte einen niedergelassenen Gynäkologen aufsuchen wollte, aber selbst keinen nennen konnte. In der Folge wird dieser als Listengynäkologe bezeichnet.

Für diese enge Zusammenarbeit hatten sich 11 Gynäkologen in München und 6 Gynäkologen in Dachau bereit erklärt.

Der Auswertungsansatz ist durch die aufgeführten Zielfragen bestimmt. So sind die Selektionsmechanismen vor allem an den drei als Ausfälle gekennzeichneten Stellen zu untersuchen [2]. Die Querschnittsauswertungen sind insbesondere unter zwei Gesichtspunkten wichtig: sie lassen erkennen, welche Schwerpunkte die Hauptstudie inhaltlich aufweisen soll und sie ergeben erste Anhaltspunkte dafür, wie der optimale Stichprobenplan der Hauptstudie aussehen muß. [3]

Multivariate Analysen der vorhandenen Daten müssen zeigen, ob es möglich ist, für die Ersterhebung der Hauptstudie matched pairs aus Pillennehmerinnen und Nichtnehmerinnen zu bilden. Die Auswertung unseres Materials in zahlreichen Untergruppen gibt Aufschluß darüber, in welchen Bereichen die nachträgliche Gruppenzuordnung der Schichtung bei der Erhebung vorzuziehen ist. [4]

Die Längsschnittauswertung wird u.a. zeigen, ob ein Jahr als Abstand zwischen zwei Untersuchungen für eine fallbezogene Auswertung noch ein diskutabler Zeitraum ist.

Die für das Interview vorgegebenen Sollwerte wurden praktisch überall erreicht, in der Gruppe "Erwachsene/Land" sogar überschritten.

| INTERVIEWS (5.-7.75) | | | 1.GYN.UNTERSUCHUNG (6.-11.75) | |
|---|---|---|---|---|
| Soll | Ist | | abs. | % |
| 80 | 79 | Jugendliche/Stadt | 39 | (49%) |
| 45 | 43 | Jugendliche/Land | 18 | (42%) |
| 350 | 341 | Erwachsene/Stadt | 239 | 70% |
| 150 | 168 | Erwachsene/Land | 115 | 68% |
| 625 | 631 | | 411 | 65% |

Abb. 3: Realisierung im zeitlichen Verlauf/Fallzahlen

Die Befragung war von Anfang Mai bis Mitte Juli 1975 im Feld. Gynäkologische Untersuchungen fanden von Ende Mai bis Ende November 1975 statt, wobei der eigentliche Schwerpunkt im Hochsommer lag.

65% aller Befragten sind zur Untersuchung gegangen. Von den 79 Jugendlichen in der Stadt sind 49% zum Gynäkologen gegangen, von den 43 Jugendlichen auf dem Land sind 42% untersucht. Bei den Erwachsenen beträgt der Anteil 70% in der Stadt und 68% auf dem Land.

Die Wahl zwischen den angebotenen Untersuchungsalternativen ergibt in der Stadt ein völlig anderes Bild als auf dem Land: In der Stadt (278 Untersuchte) sind 39% zum eigenen Gynäkologen gegangen, fast ebensoviele, nämlich 35%, haben sich für die Klinik entschieden, die restlichen 26% wählten einen Arzt von der Liste aus. Auf dem Land (133 Untersuchte) hingegen suchten 18% den eigenen Gynäkologen auf, fast 3/4 der Frauen wählten einen Arzt von der Liste und nur 10% haben sich für die Klinik entschieden. Diese Unterschiede sind, wenn man die S-Bahn zum Zentrum berücksichtigt, sicher nicht ausschließlich durch die räumliche Entfernung der Land-Patienten von der Klinik zu erklären.

| INTERVIEW | ÄRZTLICHE UNTERSUCHUNG |
|---|---|
| Gesundheit | |
| Eigenanamnese —————————— | Eigenanamnese |
| Rauchen | Zyklusanamnese |
| Pille ————————————— | Pille |
| Hausarzt, Frauenarzt | Allg. Messwerte |
| Giessen-Test | Gyn. Untersuchung |
| Freiburger Persönlichkeits-Inventar | Abstrich |
| Soziale Schicht | Urinbefund |
| Sonst. Soziodem. Kriterien | |

| IN DER KLINIK ZUSÄTZLICH |
|---|
| Anthropometr. Werte |
| Kolposkopie |
| Blutsenkung |
| Kleines Blutbild |
| Leberwerte |

Abb. 4: Erhebungsinhalt

Das Interview (vgl.Abb.4) enthielt einen breiten Anamnese-Teil und eine detaillierte Erfassung des Bereiches Kontrazeption. Außerdem wurden der Hausarzt erfragt, 2 psychologische Tests vorgelegt und die soziale Stellung ermittelt. [5-9]

Bei der medizinischen Untersuchung wurde aus methodischen Gesichtspunkten ein Teil dieser Inhalte noch einmal erfaßt. Die medizinische Untersuchung ging in der Standardform vor allem an zwei Stellen über das gesetzliche Vorsorgeprogramm hinaus und zwar in der Anamnese und bei den allgemeinen Meßwerten.

In der Klinik wurden zusätzlich zum Standardprogramm noch einige anthropometrische Werte ermittelt [10]. Ferner wurde jede Klinik-Patientin kolposkopiert. An Laborwerten wurde hier zusätzlich bestimmt: Blutsenkung, Leberfunktion und das kleine Blutbild.

In Abbildung 5 ist die Beziehung zwischen Alter und Pilleneinnahme dargestellt.

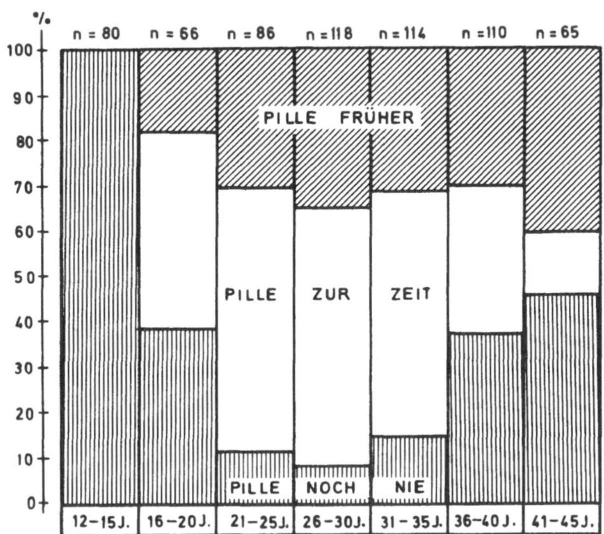


Abb. 5: Pilleneinnahme in Altersgruppen

Befragte, die noch nie die Pille genommen haben, finden sich jetzt noch schwerpunktweise an beiden Rändern der Altersverteilung. Die derzeitigen Pillennehmerinnen sind vor allem in den Altersklassen zwischen 21 und 35 Jahren zu finden und die Frauen, die die Pille schon wieder abgesetzt haben, sind heute noch in den höheren Altersklassen konzentriert.

Wenn die sich hier abzeichnende Entwicklung sich fortsetzt - und unter den derzeitigen Möglichkeiten der Kontrazeption ist das zu erwarten -, so wird es in etwa 10 Jahren kaum mehr Frauen geben, die nicht - zumindest für kurze Zeit - irgendwann die Pille einnehmen. Aber wir sind bis heute nicht in der Lage, das damit verbundene Risiko zu quantifizieren.

Die systematische Erforschung der Wirkung und Nebenwirkung von Arzneimitteln in großen, prospektiven Reihen ist eine der Alternativen medizinischer Datenverarbeitung. Wir halten es für notwendig, diese Alternative zu wählen. Deshalb werden alle Informationen der Querschnittstudie im Rechner gespeichert. [11]

Das gesamte Material ist in Tabellenform aufbereitet und zwar für das Interview in folgenden 11 Untergruppen: 4 Altersklassen, Pille jetzt, früher und nie, Stadt/Land, medizinisch untersucht und nicht untersucht. Die Daten der medizinischen Untersuchung liegen getrennt vor für die vier Altersklassen, für Pille jetzt, früher und nie und für Klinikpatientinnen gegen Patientinnen vom niedergelassenen Arzt. [12]

Die Grenzen liegen bei einem solchen Material nicht in der Technik, sondern in den Menschen, die aus dem Überfluß der Daten sinnvoll auswählen müssen. Wir brauchen die Datenbankerfahrung, die aus dem Handeln trotz Information das Handeln aufgrund der Information werden läßt.


<u>Literatur</u>

[1]   ÜBERLA, K.          Die biometrische Planung und Auswertung klinischer Prüfungen

in K.-W.EICKSTEDT, F.GROSS (Hrsg.): Klinische Arzneimittelprüfung, Gustav-Fischer Verlag, Stuttgart 1975

[2]   JESDINSKY, H.J.     Das Problem der Nichtbeantwortung von Fragen

in J.HEITE (Hrsg.) Anamnese: Schattauer Verlag, Stuttgart/New York 1971

[3]   KAY, C.            Oral Contraceptives and Health. An Interim Report from the Oral Contraception Study of the Royal College of General Practitioners

Pitman Medical Publishing, 1974

[4]  EIMEREN, W. van;        Thesen zu Problemen des Arzneimittelrechts
     ÜBERLA, K.              aus statistischer und methodischer Sicht

                             pharma dialog 36, (Hrsg.) Bundesverband der
                             Pharmazeutischen Industrie, Frankfurt 1975

[5]  SCHWARTZ, F. W.         Neue Krebsfrüherkennungsrichtlinien

                             Deutsches Ärzteblatt 11, 1975, S. 722

[6]  FAHRENBERG, J.;         Das Freiburger Persönlichkeitsinventar FPI
     SELG, H.;
     HAMPEL, R.              2. Aufl., Verlag für Psychologie, Göttingen,
                             1973

[7]  BECKMANN, D.;           Gießen-Test (GT)
     RICHTER, E.
                             Verlag Hans Huber, Bern, 1972

[8]  KLEINING, D.;           Soziale Selbsteinstufung (SSE)
     MOORE, H.               Kölner Zeitschrift für Soziologie und Sozial-
                             psychologie, 20, 1968, S. 502

[9]  SCHEUCH, E.K.           Sozialprestige und soziale Schichtung

                             Kölner Zeitschrift für Soziologie und So-
                             zialpsychologie, Sonderheft 53, 1968, S. 65

[10] KUNZE, D.               Anthropometrische Untersuchung zur Beurtei-
                             lung von Wachstum, Pubertätsentwicklung und
                             Akzeleration

                             Habilitationsschrift, Kinderpoliklinik der
                             Universität München, 1975

[11] SELBMANN, H.K.;         SAVOD-Q - Anwendungshandbuch, Technischer
     RAAB, A.                Bericht Nr. 3 des ISB, 1976

[12] ÜBERLA, K.;             Nebenwirkungen oraler Kontrazeptiva. Quer-
     GARRETT-BLEEK, N.;      schnittsauswertung der Repräsentativbefra-
     GIESECKE, B.;           gung und der ärztlichen Untersuchung (Pi-
     KELLHAMMER, U.;         lot-Projekt I)
     KRAUSS, F.;
     SCHMID-TANNWALD,J.;     Materialien-Band Nr. 3 des ISB, 1976
     WARNCKE, W.

Perinatale Mortalität - Prozente manipuliert?

M. A. SCHREIBER, H. ELSER

Zuwachsraten sind nicht nur in der Wirtschaft, sondern auch in der Bevölkerungspolitik wieder gefragt. Die Bevölkerungsbilanz ist negativ geworden, wir sind in die roten Zahlen gekommen. Die Todesziffer hat die Geburtenziffer nicht nur eingeholt, sondern zum erstenmal seit 1972 [1] übersprungen und dies trotz des Geburtenzuschusses durch hier geborene Ausländerkinder (1974: 12% der Lebendgeborenen) [2].
Was also unter dem Pillenknick noch übrig bleibt und weitere gesetzliche Regelungen keimlebend übersteht, soll dann wenigstens durch eine erhöhte Säuglingssterblichkeit - nicht hinweggerafft werden.
Eine erhöhte Säuglingssterblichkeit im internationalen Vergleich wird der Bundesrepublik vorgeworfen. Unter den deutschen Großstädten trifft dieser Vorwurf vor allem München. So meldete die Süddeutsche Zeitung im März 1974: "Alarmierende Münchner Zahlen - 0,2‰ über dem Bundesdurchschnitt - läßt Gesundheitsausschuß des Stadtrates Sondermaßnahmen beschließen".

## Internationale Vergleiche

Es ist bekannt, daß die Zahlen der internationalen Säuglingssterblichkeit eigentlich nicht vergleichend in eine Reihe gesetzt werden dürfen [3, 4], da durch verschiedene Definitionen die Berechnungsarten unterschiedliche Ergebnisse bringen müssen. Unvergleichliches wird so miteinander verglichen und folglich ein fundamentaler Grundsatz der statistischen Erkenntnisgewinnung verletzt. Möglicherweise wird hier als stillschweigende Voraussetzung angenommen, daß die definitionsbedingten Unterschiede nicht sehr groß sind und vernachlässigt werden können.

## Zielsetzung

Das führt zur Frage nach der quantifizierbaren Größe dieser Unschärfe, worüber im Schrifttum keine Angaben zu finden sind. Diese müßte aber als Ergebnis zu gewinnen sein, wenn ein und derselbe Datenkörper mit den unterschiedlich gebrauchten Definitionen "behandelt" wird.
Daraus ergeben sich für den folgenden Beitrag zwei Schwerpunkte:

1.  den Status eines geeigneten Datenkörpers mitzuteilen und
2.  an ihm die einzelnen Applikationen auszuführen.

Zu Punkt 1
## Reanimation zu neuen Einsichten
Es ist ein immer wieder beschworener und seit Jahren angestrebter Wunsch-
traum jeder klinischen Dokumentation, aus der (teuren) Fülle der bei
einem Klinikaufenthalt gewonnenen medizinischen Daten einen relevanten
Großteil in differenzierter Form datentechnisch zur Verfügung zu haben,
im Gegensatz zur Lagerung in Archivkellern [5]. Die Möglichkeit einer
Reanimation neuer Erkenntnisse aus abgelegten Krankengeschichten stellt
quasi das Minimum dar, was in einem KIS (Krankenhausinformationssystem)
[6], einer nicht mehr so häufig genannten Fatamorgana, zu erreichen wäre,
so weit es medizinisch und nicht nur verwaltungstechnisch orientiert ist.

## Der Datenkörper
Um die regionale Frage in München zu klären und erklären zu können, wurde eine Reihe von Anstrengungen unternommen. Neben der Beteiligung an
einer multi-klinischen Geburtenstudie wurde von der II. Universitätsfrauenklinik (Prof. RICHTER) in Zusammenarbeit mit dem Institut für Medizinische Informationsverarbeitung, Statistik und Biomathematik, eine über
Jahre zurückreichende Krankenblattstudie durchgeführt. Ermöglicht wurde
das Projekt mit dem Arbeitstitel "Schwangerenvorsorge und perinatale Mortalität bei Deutschen und Gastarbeiterinnen" durch die großzügige Unterstützung der Paul-Martini-Stiftung, Frankfurt am Main, der hierfür besonderer Dank ausgesprochen sei.
Für einen Zeitraum von fünf Jahren (1969 mit 1973) wurden die Kranken-
blätter aus der Schwangerenambulanz und aus der geburtshilflichen Abteilung auf standardisierte Erhebungsbögen übertragen; insgesamt wurden so
aus diesen beiden Klinikbereichen über 10.000 Krankenjournale ausgewertet. Der Anteil der Geburtenjournale beträgt hierbei etwas über 5.000;
die Anzahl der Merkmale pro Fall liegt bei ca. 400.

## Bonität der Daten
Diese Aufbereitung wurde nach genau definierten Anwendungsregeln von drei
Medizinstudenten höheren klinischen Semesters vorgenommen, womit eine gewisse sachkundige Homogenität und Linearetät bei der Erfassung der medizinischen Daten angestrebt und erzielt wurde. Trotz des retrospektiven
Ansatzes der Studie kann eine weitere Bonität der Daten darin erblickt
werden, daß sie gewissermaßen standardisiert sind durch ein über die Jahre gleichgebliebenes Krankenblatt und durch die weitgehende Einheitlich-
keit eines medizinisch therapeutischen Verhaltens in ein und derselben

Klinik. Eine durch eingefahrene Verhaltensmuster standardisierte Daten-
gewinnung dürfte der üblichen, vorwiegend nur formulartechnischen Standardisierung, z. B. bei multizentrischen prospektiven Datenerhebungen,
zumindest ebenbürtig sein.

## Offenes System

Bei der Auswahl der zu erfassenden Merkmale wurde darauf geachtet, daß
möglichst einfache und nicht zusammengesetzte, also primäre und genuine
Einzelgrößen aufgenommen wurden, die dann bei der jeweiligen Auswertung
zu einer Reihe weiterer Merkmale zusammengesetzt und aufgebaut werden
können [5]. In einem solchen "offenen System" [7], wird es möglich, verschiedene Symptomenmuster und Risikokonstellationen herauszuarbeiten. Die
Daten werden unmittelbar am Bildschirm im Dialog abgerufen und können
nach den verschiedensten Gesichtspunkten abgefragt und bearbeitet werden.

## Klinische Problematik

Neben dem Glanz- oder Irrlicht einer prozentualen Sterblichkeitsangabe
interessieren den klinisch-kurativen Arzt aber weiterreichende Zusammenhänge der klinischen Problematik und der therapeutischen Möglichkeiten.
Inhaltliche Ziele und thematische Schwerpunkte dieser Studie seien deshalb kurz skizziert:

- Risikohäufigkeit und sozio-ökonomische Gegebenheiten in der Schwan-
  gerenvorsorge bei Deutschen und Gastarbeiterinnen.
- Drohende Frühgeburt und Hinweise aus Anamnese und Befunden während
  der Gravidität.
- Zusammenhänge zwischen perinataler Mortalität und Risikofaktoren.
- Geburtsverlauf und Entbindungsart sowie Zustand des Kindes post
  partum.
- Verlegungsdiagnosen bei Risiko-Kindern.
- Gegenüberstellung von klinischen Todesursachen mit pathologisch-
  anatomischen Obduktionsbefunden u. a.

Bei dieser kurzen Charakteristik darf die dankenswerte und gute Zusammenarbeit mit der Universitäts-Kinderklinik und dem Pathologischen Institut
der Universität nicht unerwähnt bleiben.
Untersuchung und Bearbeitung der klinischen Problematik sind Aufgabe und
Themenstellung von drei Dissertationen, die in Kürze zur Veröffentlichung
anstehen.

Zu Punkt 2
## Statussymbol
An dem gewonnenen Material soll ein rein methodischer Aspekt ausgeleuch-

tet werden, nämlich die Frage nach der Berechnungsart der perinatalen
Mortalität (P. M.) und ihrer Fehleranfälligkeit. Hiermit wird das Feld
der sogenannten Gesundheitssystemforschung betreten. Es interessiert
vor allem: Wie robust oder wie störanfällig ist die Berechnung der perinatalen Mortalität; kann diese Zahl, die zu den gesundheitspolitischen
Statussymbolen eines Landes gehört und gewissermaßen als Gütesiegel aus-
gewiesen wird, schlicht als Vergleichszahl verwendet werden? Da in diesem Bereich mit Zehntelprozenten Polemik und Politik gemacht wird, erscheint es uns lohnend hierüber zu berichten.

## Der Zeitraum PERINATAL

Im folgenden soll nur vom definierten Begriff der perinatalen Mortalität
die Rede sein, der vom Begriff der Säuglingssterblichkeit im engeren
Sinne abzugrenzen ist (siehe Abb. 1).

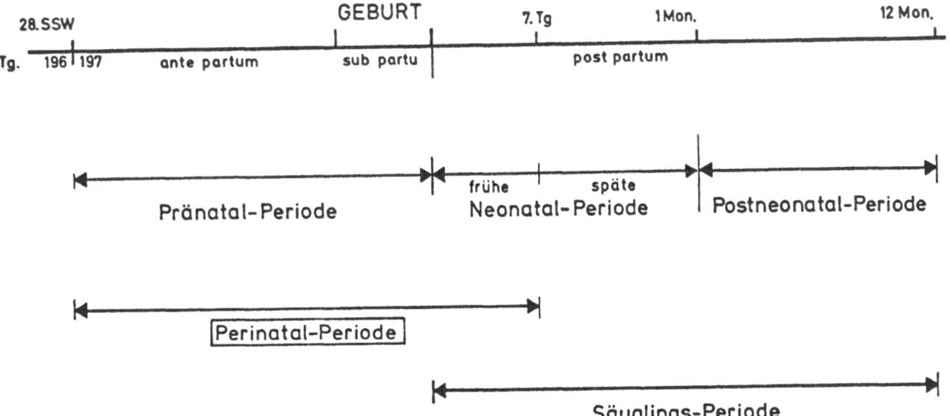


Abb. 1: "Perinatalperiode : Zeitraum zwischen dem Ende der 28. Schwangerschaftswoche und dem 7. Lebenstag einschl."

Hierbei handelt es sich um alle kindlichen Todesfälle, die von der
28. Schwangerschaftswoche bis zum 7. Tage nach der Geburt eintreten [8].
Hingewiesen sei auf die Überschneidung mit dem Begriff der Säuglingssterblichkeit: Beide Begriffe berücksichtigen die besonders hohe Sterb-
lichkeitsrate in der ersten Lebenswoche.

Die allgemeine Berechnungsformel für die perinatale Mortalität ist das
Verhältnis von Totgeburten und Verstorbenen (bis zum 7. Tag) zur Gesamtzahl der Geburten (d. h. aller Totgeburten und Lebendgeburten) in Tausend. Unterschiedliche Ergebnisse kommen durch verschiedene Definitionen
im Grenzbereich zwischen Fehlgeburt und Totgeburt zustande und zwar bei
der Entscheidung, was gilt noch als eine Fehlgeburt (und ist damit nicht

zu zählen) bzw. was ist schon eine Totgeburt (und muß gezählt bzw. gemeldet werden). Hier liegt der kritische Bereich und die Grauzone. Diese Grenze wird im wesentlichen neben dem Merkmal Tod noch durch die Merkmale Tragzeit bzw. Geburtsgewicht und Geburtslänge bestimmt (siehe
Abb. 2)

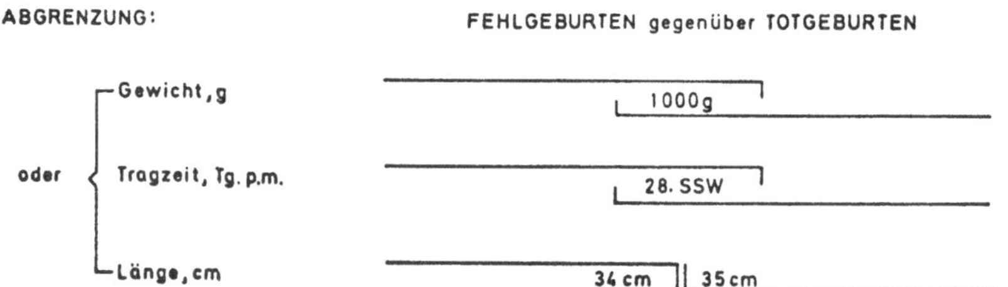


Abb. 2: Berechnungsformel und Grenzwerte

Gewicht und Länge sind dabei stellvertretende Größen für die Zeit der
Ausreifung, die als Gestationszeit oft ungenau oder gar nicht feststell-
bar ist.

Im folgenden wird nur auf diese meßbaren Größen Bezug genommen. Hingewiesen sei aber auf die verschiedenen Zeichen für "Lebendgeburt" (Puls-
welle in der Nabelschnur, Schnappatmung, Muskelzuckung etc.) und auf den
dabei auftretenden Ermessensspielraum bei der Beurteilung [3, 9, 10, 17],
eine weitgehend inkomensurable Größe.

Schwankungen

Die Definitionen in den einzelnen Ländern sind hier nun aber sehr verschieden [3, 9, 10, 11], darüberhinaus werden die bei diesen Merkmalen
eingesetzten Grenzwerte nicht einheitlich gehandhabt. Selbst bei gleichen Grenzwerten, zum Beispiel beim Geburtsgewicht 1000 Gramm, ergeben
sich weitere Unterschiede, wenn diese entweder einschließlich oder ausschließlich behandelt werden. (Die Angabe von genau 1000 Gramm zeigt
eine kumulierte Häufigkeit. Als Grenz- und Orientierungswert ist eine
so glatte Zahl stärker im Bewußtsein, wodurch sich in der Praxis quasi
psychologische Rundungsfehler ergeben). Gleiches gilt für die Tragzeit;
man findet für die Definition von Totgeburt sowohl "ab der 28. Schwangerschaftswoche", also inklusive, wie auch "nach Ende der 28. Schwangerschaftswoche", also exklusive. Anstelle von Gewicht und Tragzeit in anderen Definitionen gilt zum Beispiel in der Bundesrepublik Deutschland

als amtliches Unterscheidungsmerkmal nur die Länge von 35 cm (in der
Schweiz aber 30 cm) [12].

Weitere erhebliche nationale Definitionsunterschiede ließen sich anführen. Auch der Zeitraum, bis zu welchem Tage post partum der Eintritt des
Todes als perinatal zu zählen ist, variiert: Entgegen der oben genannten
Grenze des 7. Tages wird in Österreich und der Schweiz bis zum 10. Tag
gezählt [12, 19].

## Die Definition "nach WHO"

Bei der Vielfalt dieser nationalen Ungleichheiten bemüht sich die WHO
eine einheitliche Definition anzubieten und wenigstens für den internationalen Vergleich durchzusetzen. Aber schon bei der praktischen Anwendung dieser einheitlichen WHO-Definition lassen sich im Schrifttum Diffe-
renzen nachweisen. Einige wenige deutsprachige Literaturstellen der
letzten Jahre wurden daraufhin untersucht, was sich hinter der angegebe-
nen Größe der perinatalen Mortalität versteckt. Die jeweilige Formulierung darf dabei zweifellos als Ausgangspunkt für die jeweilige Berechnung angesehen werden. Es finden sich aber auch Arbeiten ohne jede Angabe, was unter P. M. gemeint ist [20, 21].

Für diese Überlegungen, bei denen es darauf ankommt, die Unterschiede
aufzuzeigen, ist es unerheblich wie nun die WHO-Definition im einzelnen
wirklich lautet; es genügt sie so zu verwenden, wie sie vom einzelnen
Autor zitiert wird. Daß sie nicht alle gleichzeitig richtig sein können,
versteht sich von selbst. Die Frage ist: Schlagen diese angesprochenen
Definitionsunterschiede überhaupt auf die Mortalitätsziffer durch oder
sind sie als unerheblich zu vernachlässigen, da sie höchstens weit hinter dem Komma wirksam werden.

## Ergebnisse bisher

Die Abbildung 3 zeigt eine systematische Zusammenstellung der konstitu-
ierenden Definitionsmerkmale und die vorkommenden Variationsmöglichkeiten für die Abgrenzung von Totgeburt zu Fehlgeburt und vor allem die
dazu gehörigen Ergebnisse der perinatalen Mortalität. Der Begriff Lebendgeburt wird hier einheitlich durchgehalten, ohne die teilweise Limi-
tation bei 1000 Gramm, wie es im Schrifttum vorkommt, wodurch die Rechnung wieder anders ausfällt [22].

Die Ergebnisse, die sich aus einem einzigen Krankengut gewinnen lassen,
reichen hier von 19,3% bis über 27,9%. Insgesamt erscheint bereits
jetzt ein ausreichend weites Feld gegeben zu sein, sich die eine oder
die andere P. M. unter den verschiedenen Möglichkeiten zu berechnen. Die-

<table>
<tr>
<td>DEFINITION</td>
<td></td>
<td>1*</td>
<td>2*</td>
<td>3*</td>
<td>4*</td>
<td>5**</td>
<td>6*</td>
<td>7*</td>
<td>8</td>
<td>9</td>
<td>10***</td>
</tr>
<tr>
<td>lebend geboren</td>
<td>A</td>
<td colspan="10">insgesamt (ohne weitere Limitation) 4962</td>
</tr>
<tr>
<td rowspan="2">verstorben</td>
<td rowspan="2">B</td>
<td colspan="8">bis zum 7. Tag p.p.</td>
<td>10.Tag p.p.</td>
<td>7.Tag p.p</td>
</tr>
<tr>
<td>86</td>
<td>72<br>>1000 g</td>
<td colspan="6">86</td>
<td>> 86</td>
<td>86</td>
</tr>
<tr>
<td>TOTGEBURTEN</td>
<td>C</td>
<td>49</td>
<td>45</td>
<td>45</td>
<td>46</td>
<td>22</td>
<td>10</td>
<td>52</td>
<td>54</td>
<td>54</td>
<td>—</td>
</tr>
<tr>
<td>Todeszeitpunkt</td>
<td></td>
<td colspan="5">prä / sub p.</td>
<td>sub p.</td>
<td colspan="4">prä / sub p.</td>
</tr>
<tr>
<td rowspan="2">weitere Bedingung</td>
<td rowspan="2"></td>
<td colspan="2">Gewicht, 1000 g</td>
<td colspan="2">Tragzeit, 28 SSW</td>
<td>Gew.</td>
<td>Länge</td>
<td colspan="3" rowspan="2">keine</td>
<td rowspan="2">—</td>
</tr>
<tr>
<td>incl.</td>
<td>excl.</td>
<td>incl.</td>
<td>excl.</td>
<td>excl.</td>
<td>35 cm</td>
</tr>
<tr>
<td>GESAMT GEBURTEN</td>
<td>A<br>+<br>C</td>
<td>5011</td>
<td>5007</td>
<td>5007</td>
<td>5008</td>
<td>4984</td>
<td>4972</td>
<td>5014</td>
<td>5016</td>
<td>5016</td>
<td>4962</td>
</tr>
<tr>
<td>Todesfälle „perinatal"</td>
<td>B<br>+<br>C</td>
<td>135</td>
<td>131</td>
<td>117</td>
<td>132</td>
<td>108</td>
<td>96</td>
<td>138</td>
<td>140</td>
<td>>140</td>
<td>86</td>
</tr>
<tr>
<td>P.M. ‰</td>
<td></td>
<td>26.9</td>
<td>26.2</td>
<td>23.4</td>
<td>26.4</td>
<td>21.7</td>
<td>19.3</td>
<td>27.5</td>
<td>27.9</td>
<td>$\geq$28.0</td>
<td>17.3</td>
</tr>
<tr>
<td>Literaturstellen</td>
<td></td>
<td>[10,13]</td>
<td>[14]</td>
<td>[15]</td>
<td>[11]</td>
<td>[8]</td>
<td>[16]</td>
<td>[17]</td>
<td>[18]</td>
<td>[19]</td>
<td>[4]</td>
</tr>
</table>

*    Als "WHO"-Definition genannt.

**   Nach der Definition "Perinatalperiode". [8]

***  "Andere Staaten legen ihren Berechnungen der Perinatalziffer nur die in den ersten 7 Tagen Gestorbenen zugrunde und beziehen die gewonnene Zahl auf die Gesamtzahl der Lebendgeborenen". [4]

Abb. 3: Ergebnisse verschiedener Definitionen angewandt auf ein gleichbleibendes Krankengut.

ses Ergebnis der breiten Ungenauigkeit läßt sich verallgemeinern, indem es am Datenmaterial irgend eines anderen ausreichend großen Kollektivs experimentell in ähnlicher Weise wiederholbar wäre.

Die Schwankungen in diesem relativ homogenen Bereich (deutschsprachige wissenschaftliche Literatur) lassen sich als grober Schätzwert einsetzen für die Schwankungsbreite amtlicher Sterblichkeitsangaben zwischen Län-

dern mit zum Teil völlig verschiedener Praxis von Bewertung, Dokumentation und Registrierung [10, 23]. Es wäre interessant, eine 'adaptierte
Perinatalsterblichkeit' der Bundesrepublik zu berechnen, indem der Be-
rechnungs- und Verhaltensmodus der verschiedenen Länder am eigenen Zah-
lenmaterial simuliert wird. Dadurch würde den einzelnen Ländern gegenüber
eine einigermaßen brauchbare Vergleichszahl entstehen und der nichtssa-
gende internationale Globalvergleich würde zum wirklichkeitsnäheren Ein-
zelvergleich. Wenn schon die Währung eines Begriffs (P. M.) so stark
differiert, dann ist mit dem Nennwert allein wenig anzufangen, dann kann
er nicht mehr eins zu eins mit anderen verglichen werden.

<u>Weitere Modifikationen</u>
Neben der bisher besprochenen "einfachen" oder "ungereinigten P. M."
findet sich in der Fachliteratur der Begriff der "gereinigten P. M."
- hierbei werden neben intrauterin abgestorbenen Kindern und solchen mit
lebensunfähigen Mißbildungen vor allem auch Frühgeburten abgezogen. Für
die Definition der "Frühgeburt" gelten aber ebenso die bereits oben genannten Variationsmöglichkeiten.

Die verschiedenen "Reinigungsschritte" scheinen dabei durchaus variabel
zu sein und Eigenleben zu entwickeln und die Bezeichnungen laufen durch-
einander: Als "gereinigt" wird teils auch schon die WHO-Definition mit
der Begrenzung bei 1000 Gramm Geburtsgewicht bezeichnet [13]. Das kann
zu einer verständlichen resignierenden Ehrlichkeit führen: "Da in der
Literatur der Begriff der gereinigten kindlichen Mortalität sehr unterschiedlich interpretiert wird, haben wir in unserem Material auf jedes
Reinigungsmanöver verzichtet" [18]. Eine klinische Spezialreinigung der
P. M. besteht sicher darin, daß die "vor Klinikaufnahme" intrauterin abgestorbenen Kinder abgezogen werden, auch wenn der Tod im definierten
Zeitraum der P. M. eingetreten ist. Dahinter steckt das berechtigte Anliegen, "alle ausgetragenen Kinder, die perinatal zu Lasten der Geburts-
leitung verstorben sind" [19] auszuweisen. Dies sollte aber dann nicht
mehr mit dem Begriff der perinatalen Mortalität, einer epidemiologischen
Maßzahl, belegt werden, sondern, dem Anliegen entsprechend, mit iatrogener
Natalsterblichkeit (oder ähnlich) bezeichnet werden. In dem Maß jedoch
wie die Schwangerschaftsbetreuung als zunehmend entscheidende Aufgabe der
Perinatalmedizin und Geburtshilfe betont wird, hat dieses Ausschluß-
Kriterium "vor Klinikaufnahme" einen abnehmend purgierenden Effekt. Die
Berechnung der gereinigten P. M. wurde für dieses Referat unterlassen,
um die bereits vorhandene Vielfalt nicht in Verwirrung übergehen zu las-
sen.

## Folgerung

Abschließend kann gesagt werden, daß es bei der Berechnung der P. M.
eine fast unüberschaubare, jedenfalls verwirrende Vielfalt von Möglichkeiten gibt, daß diese Zahl recht störanfällig ist und bereits bei groß-
zügiger Handhabung ein und derselben Definition spürbare Ausschläge
zeigt, um so mehr bei der Anwendung verschiedener Definitionen.

Die Angabe der perinatalen Mortalität kann bei der gegenwärtigen Praxis
höchstens als grobe Orientierungsgröße, die eine Fülle von Willkürlich-
keiten enthält, angesehen werden; sie ist jedenfalls kein vergleichbarer
Qualitätsnachweis.
Sie ist auch unter den heute gegebenen Umständen für den internationalen
Vergleich völlig ungeeignet und sollte auch sonst mit äußerster Vorsicht
gebraucht werden, wenn davon weittragende und kostspielige Entscheidungen
abhängig gemacht werden.

Sie ist umso nichtssagender, je breiter der Rand ihrer oszillierenden
Unschärfe ist. Hier kann eine Senkung der Säuglingssterblichkeit auch
schon rein rechnerisch erreicht werden!

Zum Schluß sei noch erwähnt, daß aus den Erfahrungen mit dieser Studie
ein standardisiertes und datentechnisch voll durchkonzipiertes Krankenblatt entwickelt und in den klinischen Betrieb der II. Universitätsfrauenklinik eingeführt wurde; dies bedeutet nichts anderes als eine gezielt angelegte, umfangreiche prospektive Studie, die aus den Impulsen
der ohnehin anfallenden täglichen klinischen Routine lebt (- und damit
äußerst kostengünstig ist). Weitere kritische Analysen dürfen hiervon
erwartet werden, die auch dem Wunsch nach Multikausalanalysen [9] zur
Erhellung der Säuglingssterblichkeit entsprechen können.

## Literatur

[1]  BUNDESMINISTERIUM    Das Gesundheitswesen der Bundesrepublik
     FÜR JUGEND,          Deutschland.
     FAMILIE,             Band 5, Ausgabe 1974, Statistisches Bundes-
     GESUNDHEIT           amt,
                          W. Kohlhammer, Stuttgart

[2]  ZIMMERMANN, E.       Säuglingssterblichkeit und Müttersterblich-
                          keit in Bayern 1974.
                          Eine Sonderauszählung.
                          Herausgegeben vom
                          Bayerisches Statistisches Landesamt, München,
                          1975

[3]  MAIER, E.            Sozialpädiatrische Problematik der Säuglings-
                          sterblichkeit.
                          Mschr. Kinderheilk., 121, (1973) 461 - 463

[4]  MAIER, W.            Zur Frage des internationalen Vergleichs der
                          perinatalen Sterblichkeit.
                          Deutsch. Ärzteblatt, 71 (1974) 2513

[5]  FRITZE, E.           Der Krankheitsverlauf

                          aus: FRITZE, E.; WAGNER, G.: Dokumentation
                          des Krankheitsverlaufs. Probleme der Erfas-
                          sung des zeitlichen Krankheitsablaufes und
                          des Medical Record Linkage.
                          Schattauer, Stuttgart, 1969

[6]  GRIESSER, G.;        Das Krankenhaus-Informationssystem (KIS)

                          aus: KOLLER, S.; WAGNER, G. (Hrsg.),
                          Handbuch der medizinischen Dokumentation
                          und Datenverarbeitung.
                          Schattauer, Stuttgart, 1975

[7]  HARTMANN, F.         Was erwartet der Kliniker von der Dokumenta-
                          tion des Krankheitsverlaufes

                          aus: FRITZE, E.; WAGNER, G.: Dokumentation
                          des Krankheitsverlaufs. Probleme der Erfas-
                          sung des zeitlichen Krankheitsablaufes und
                          des Medical Record Linkage.
                          Schattauer, Stuttgart, 1969

[8]  PSCHYREMBEL, W.;     Grundriß der Perinatalmedizin.
     DUDENHAUSEN, W.      W. de Gruyter, Berlin, 1972

[9]  CHRISITIAN, W.       Die wiederansteigende Säuglingssterblichkeit
                          in der Sicht Statistikers.
                          Mschr. Kinderheilk., 121 (1973) 454 - 458

[10] FASSL, H.            Gesundheitsstatistik als politische Waffe
                          mißbraucht.
                          Deutsch. Ärzteblatt, 73 (1976) 345

[11]  SCHMIDT, E.;           Säuglingssterblichkeit 1973. Prospektive
      GUTHOFF, W.;           Einzelfallanalyse Düsseldorf.
      MÜNSTERFERING, H.      Urban & Schwarzenberg, München, 1974

[12]  RENGGLI, J.            Zur Frage der perinatalen Mortalitätsstatistik
                            der Neugeborenen unter Verwendung der Jahre
                            1961 - 1963.
                            Gynaecologica (Basel), 158 (1964) 249 - 303

[13]  HOCHULI, E.;           Ist die vaginale Steißentbindung noch gerecht-
      DUBLER, O.;            fertigt?
      NAGEL, F.              Geburts- und Frauenheilk., 35 (1975) 601-607

[14]  MEISTER, H.;           Bedeutung der Schwangerschaftsvorsorge für
      STARK, G.              die perinatale Mortalität.
                            Deutsch. Ärzteblatt, 72 (1975) 1764

[15]  HÜTER, K. A.           Bekämpfung und Prophylaxe der perinatalen
                            kindlichen Letalität
                            in: EWERBECK, H.; FRIEDBERG, V.: Die Über-
                            gangsstörungen des Neugeborenen und die Be-
                            kämpfung der perinatalen Mortalität.
                            G. Thieme, Stuttgart, 1968

[16]  FRIEDBERG, V.;         Geburtshilfe. Ein kurzgefaßtes Lehrbuch.
      HIERSCHE, H. D.        G. Thieme, Stuttgart, 1975

[17]                        Personenstandsgesetz § 29, zitiert nach:
                            Das Gesundheitswesen der Bundesrepublik
                            Deutschland,  Band 1, Ausgabe 1963,
                            Statist. Bundesamt, W. Kohlhammer, Stuttgart

[18]  SCHOLTES, G.          Zum Problem der Beckenendlagengeburt.
                            Geburtsh. und Frauenheilk., 34 (1974) 444-447

[19]  LEINZINGER, E.;       1700 Geburten bei Beckenendlage i.d. Landes-
      OGRIS, E.             frauenklinik Linz.
                            (11-Jahres-Bericht von 1960 bis 1970)
                            Wiener Med. Wschr. 25/26 (1971) 532

[20]  ALTMANN, P.;          Zum klinischen Management bei Beckenendlagen
      EKLUND-GRELL, K.;     Geburtsh. und Frauenheilk., 35 (1975) 608-614
      KNEERA, H.;
      REINHOLD, E.

[21]  SCHWENZEL, W.;        Die perinatale Gefährdung des Kindes bei der
      CLOSS, H.-P.;         Geburt aus Beckenendlage.
      LAMBERTI, G.;         Z. Geburtsh. Perinat., 177 (1973) 178 - 184
      NOWAK, H.

[22]  DÖRING, G. K.;        Ergebnisse der prospektiven Geburtsleitung
      HOSSFELD, C. G.       bei 500 Einlingsgeburten aus Beckenendlage.
                            Geburtsh. und Frauenheilk., 34 (1974) 436-443

[23]  SEWERING, H. J.       Die perinatale Säuglingssterblichkeit.
                            Tätigkeitsbericht der Bayer. Landesärzte-
                            kammer zum 27. Bayer. Ärztetag, Ingolstadt.
                            Bayer. Ärzteblatt, 29 (1974), 865

Biometrische Gesichtspunkte und methodisches Vorgehen bei
der Planung und Durchführung multizentrischer klinischer
Langzeitstudien am Beispiel einer Reinfarktstudie

D. LOEW, K. ÜBERLA

Sorgfältig geplante und gut durchgeführte, multizentrische, klinische
Langzeitstudien sind im deutschen Sprachraum eine Seltenheit. Wir haben
eine umfangreiche Studie seit 1970 in Bearbeitung und stehen kurz vor
ihrem Abschluß. Über unsere Erfahrungen soll hier berichtet werden.


## 1. Klinische Fragestellung

Die Prophylaxe des Herzinfarkts ist ein offenes Problem. Die Ansichten
über den Wert der Antikoagulatien-Dauertherapie sind widersprüchlich.
Befürwortende und eindeutig ablehnende Arbeiten stehen sich gegenüber.
In den letzten Jahren kristallisierte sich ein neues Therapieprinzip
heraus, nachdem erkannt wurde, daß die Blutplättchen in der Ätiopatho-
genese von Verschlußkrankheiten eine nicht unbedeutende Rolle spielen.
Es lag deshalb nahe, sogenannte Antaggregantien klinisch zu untersuchen,
zumal ausreichende experimentelle und klinisch-pharmakologische Hinweise vorlagen.

Ziel der Studie ist es, zu prüfen, ob Colfarit, Marcumar und Placebo
sich hinsichtlich ihrer Wirksamkeit zur Infarktprophylaxe unterscheiden.
In die Studie aufgenommen wurden Patienten, die einen gesicherten Infarkt
in einer der beteiligten Kliniken mindestens sechs Wochen überlebten. Als
Zielkriterium ist das Eintreten eines gesicherten Reinfarkts anzusehen.

Die beteiligten Kliniken sind in Abbildung 1 mit den Fallzahlen wiederge-
geben. Eine Reihe von Kliniken - Heidelberg und Wien - haben dafür hohe
Fallzahlen beigesteuert, andere weniger.

| Ort | Klinik | Untersucher | Fallzahl |
|---|---|---|---|
| Darmstadt | Städt. Krankenanstalten | Prof. Anschutz/ Prof. Pfleiderer | 33 |
| Frankfurt/M. | Zentrum Innere Medizin | Prof. Breddin | 98 |
| Gießen | Med. Universitäts-Klinik | Prof. Schmutzler/ Dr. Wolf | 88 |
| Heidelberg | Med. Universitäts-Klinik | Prof. Weber/ Dr. Walter | 374 |
| Höchst | I. Med. Klinik, Städt. Krankenhaus | Prof. Becker | 81 |
| Laatzen | Agnes-Karll-Krankenhaus | Dr. Meyer-Hoffmann | 103 |
| Wien | I. Med. Universitäts-Klinik | Doz. Dr. Lechner | 169 |
| | | Insgesamt: | 946 |

Abb. 1: Beteiligte Kliniken

## 2. Organisation

Für die Durchführung einer Studie, an der mehrere Universitätskliniken
mit zahlreichen Patienten über Jahre beteiligt sind, ist die Organisation entscheidend:

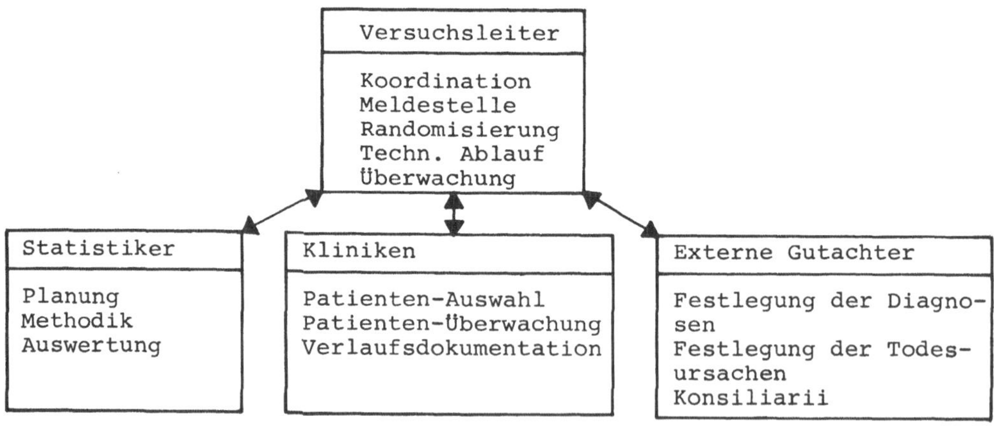


Abb. 2: Organisation der Studie

- Der Versuchsleiter übernimmt die Koordination, fungiert als Melde-
  stelle für die aufzunehmenden Patienten, führt die Randomisierung
  durch, und ist zuständig für den technischen Ablauf und die Überwachung.

- Der Statistiker ist zuständig für die Planung, Methodik, Auswertung und Datenverarbeitung.
- Die einzelnen Kliniken übernehmen die Auswahl der Patienten, die Überwachung und Betreuung der Patienten, die Dokumentation des Verlaufs und die Abschlußmeldung.
- Externe Gutachter - drei anerkannte Kardiologen, die außerhalb der Studie stehen - wurden zur Beurteilung kritischer Einzelfälle und zur Festlegung der Diagnosen und Todesursachen herangezogen. Die Experten arbeiten blind, d.h. sie wissen nicht, mit welchem Medikament ein Fall, den sie beurteilen, behandelt wurde. Anamnese, laborchemische Daten, EKG und Autopsiebefund werden ihnen vorgelegt. Diese Gutachter legen für alle Todesfälle und alle Infarktfälle die Diagnose fest.

Jährlich oder halbjährlich finden mit den beteiligten Kliniken Sitzungen statt, auf denen der Stand der Studie dargelegt wird und Probleme gemeinsam behandelt werden. Diese Organisationsform hat gut funktioniert und kann auf andere derartige Studien übertragen werden.


## 3. Planung

In der Planungsphase wurden die beteiligten Kliniken zusammengerufen und die Frage gestellt, ob eine Randomisierung und ein Blindversuch zwischen Placebo und Colfarit nach dem Stand des Wissens bei Infarktpatienten ethisch vertretbar ist. Diese Frage wurde von allen beteiligten Kliniken bejaht. Die Studie ist in Bezug auf Marcumar notwendigerweise offen. Die Bedingungen für die Aufnahme von Patienten in die Studie wurden im einzelnen festgelegt, ein Aufnahmebogen entworfen, die Verlaufsdokumentation entwickelt und der abschließende Erhebungsbogen, der das Zielkriterium enthält, erarbeitet. Die Durchführungs- und Auswertungsstrategie wurde umrissen und aufgrund der Erfahrungen retrospektiver Studien als notwendige Fallzahl 900 - 1000 Patienten angesetzt, d.h. in jeder Behandlungsgruppe mehr als 300. Die endgültige Fallzahl wurde dann durch einen Stichtag für die Aufnahme, den 31.3.1975, terminiert.

Die Zufallszuteilung wurde aufgrund des Anmeldebogens vom Versuchsleiter durchgeführt. Als Schichtkriterien wurden Alter (2), Geschlecht (2), Reinfarkt (2), Dekompensationen (2) und Hypercholesterinämie/Hyperlipämie (2) gewählt. Wir hatten also für jede Klinik $2^5 = 32$ Schichten, innerhalb derer eine Zufallsteilung nach vorbereiteten Listen auf die drei Behandlungen erfolgte. Die Klinik erhielt von der Zentralstelle die Chargennummer mitgeteilt.

Es ergibt sich bei diesem Vorgehen die Möglichkeit, auch einzelne Kliniken auszuwerten. Fallen Kliniken aus, treten keine Zuteilungsfehler auf.

Das Ergebnis der Zufallszuteilung und Schichtung für alle Probanden ist der Abbildung 3 zu entnehmen.

| Schichten | Behandlungen | | | Gesamt |
|---|---|---|---|---|
| | X | Y | Z | |
| Reinf.   −<br>Decomp.  −<br>Hyperl.   − | 99 | 94 | 97 | 290 |
| Reinf.   −<br>Decomp.  −<br>Hyperl.   + | 69 | 68 | 69 | 206 |
| Reinf.   −<br>Decomp.  +<br>Hyperl.   − | 60 | 54 | 55 | 169 |
| Reinf.   −<br>Decomp.  +<br>Hyperl.   + | 30 | 33 | 27 | 90 |
| Reinf.   +<br>Decomp.  −<br>Hyperl.   − | 25 | 19 | 23 | 67 |
| Reinf.   +<br>Decomp.  −<br>Hyperl.   + | 18 | 18 | 22 | 58 |
| Reinf.   +<br>Decomp.  +<br>Hyperl.   − | 14 | 14 | 11 | 39 |
| Reinf.   +<br>Decomp.  +<br>Hyperl.   + | 7 | 9 | 11 | 27 |
| Summe: | 322 | 309 | 315 | 946 |

Abb. 3: Ergebnis der Zufallszuteilung nach Schichten

Bei keiner der Risikogruppen unterscheiden sich die Fallzahlen der drei Behandlungen erheblich, maximal um sechs Fälle. Die Schichten mit mehreren Risikofaktoren sind schwach besetzt. Dies könnte daran liegen, daß Fälle mit mehr als einem Risikofaktor bereits in den ersten sechs Wochen verstarben und daher nicht in die Studie aufgenommen wurden.

## 4. Durchführung

Die Patienten erhielten vom behandelnden Arzt höchstens für fünf Wochen
ausreichend Tabletten. Sie mußten alle vier Wochen zur klinischen, la-
borchemischen und notfalls elektrokardiographischen Untersuchung in der
Klinik erscheinen. In einer Befundmappe wurden Zusatzmedikamente, Nebenwirkungen oder sonstige Beobachtungen registriert. Der Patient erhielt
dann wiederum Tabletten für die nächsten vier bis fünf Wochen. Hierdurch
war eine ständige klinische Kontrolle und Therapieüberwachung möglich.
Patienten, die die Medikation drei Wochen unterbrochen hatten, schieden
aus.

An willkürlich bestimmten Terminen mußten die Kliniker Urinproben an
ein zentrales Untersuchungslabor schicken. So wurde stichprobenartig
die Einnahme der zugeteilten Tabletten kontrolliert.

Vom 1.1.1971 bis zum 31.3.1975, dem Stichtag, wurden 1060 Patienten zur
Studie gemeldet. Hiervon schieden 114 Patienten aus, da drei Kliniken
nur in den ersten Monaten aktiv beteiligt waren und im weiteren Verlauf
von den Patienten keine Informationen mehr mitteilten. Für einen Großteil der verbliebenen 946 Patienten ist die zweijährige Beobachtungszeit beendet. Im Januar 1976 lagen abgeschlossene Unterlagen von 648
Patienten vor, das sind 68,5%. Mit dem Abschluß der restlichen Fälle
ist bis zum 31.3.1977 zu rechnen, zwei Jahre nach dem Stichtag für den
Aufnahmeschluß in die Studie.

## 5. Auswertung

Das Ablochen des Materials und die statistische Auswertung mit Hilfe
der EDV wird im Verlauf des Sommers 1976 für alle die Fälle durchgeführt, die bis zum 31.3.1976 die Beobachtungszeit beendet haben. Nach
dieser Auswertung wird entschieden, ob die restlichen Unterlagen noch
abgewartet werden müssen. Als Auswertungstechnik ist zunächst die Kontingenztafelanalyse vorgesehen. Für die eventuell unterschiedliche
zeitliche Quote der Ausscheidenden in den drei Behandlungsgruppen soll
eine geeignete Korrektur angebracht werden.

Wir erhoffen uns von diesem Material nicht nur eine klinisch befriedi-
gende Auskunft, ob sich in der Prophylaxe des Herzinfarkts das Placebo
vom Marcumar oder Colfarit bezüglich der Reinfarktquote unterscheidet.
Wir werden mit dieser Studie an einem großen Material die "natural
history" des Herzinfarkts bei Patienten, die den ersten Infarkt über-
lebt haben, genauer studieren können. Wir werden das Material daher als

Datenbank in den Rechner bringen und für beliebige Auswertungen zur Generierung von Hypothesen bereithalten, nachdem die entscheidenden statistischen Tests durchgeführt sind.

Derartige klinische Studien sind ohne den Zugang zu einer Datenverarbeitungsanlage nicht sachgerecht auswertbar. Hier zeigt sich eine der Alternativen medizinischer Datenverarbeitung, die in der Forschung schon zur Routine geworden ist. Das Einbringen solcher aufwendig gesammelter Materialien in Datenbanken, die der interessierten wissenschaftlichen Öffentlichkeit frei zur Verfügung stehen, eröffnet eine neue Dimension in der Transparenz klinischer Studien.

|  | FÄLLE | % |  |
|---|---|---|---|
| Reinfarkt/tot und sudden death | 68 | 10,49 | } 15,58% |
| Reinfarkt/lebt | 33 | 5,09 | } Reinfarkte |
| Tod andere Ursachen | 18 | 2,78 |  |
| AUSSCHEIDEN WEGEN |  |  |  |
| Magenbeschwerden | 28 | 4,32 |  |
| Blutungen | 19 | 2,93 |  |
| interkurrente Erkrankungen | 20 | 3,09 |  |
| kommt nicht mehr | 65 | 10,03 |  |
| Therapieänderung | 44 | 6,79 |  |
| RANDOMISIERT, STUDIE NICHT BEGONNEN | 34 | 5,28 |  |
| 2 JAHRE OHNE KOMPLIKATION IN STUDIE | 319 | 49,23 |  |
| Abgeschlossene Fälle | 648 | 100,00 | 68,50 |
| Noch in Studie | 298 |  | 31,50% |
| Insgesamt | 946 |  | 100,00% |

Abb. 4: Stand der Studie Januar 1976

Abbildung 4 zeigt den Stand der Studie im Januar 1976. Insgesamt 319 Patienten (49,2%) haben komplikationslos die zweijährige Beobachtungszeit durchlaufen. 34 Fälle (5,2%) haben die Studie gar nicht begonnen, obwohl sie randomisiert wurden. 298 Fälle sind noch in der Beobachtung, das sind 31,5% der gesamten Fallzahl. Wir haben 68 Tote mit sicherem bzw. fraglichem Reinfarkt beobachtet, 33 Fälle mit Reinfarkt ohne tödlichen Ausgang. Das sind 15,6% Infarktfälle in zwei Jahren bezogen auf die bisher abgeschlossenen Fälle. Ausgeschieden aus der Studie sind wegen Magenbeschwerden 4,3%, wegen mangelnder Kooperation 10,0% und wegen Änderung der Therapie 6,8%.

Aussagen über den Erfolg der einzelnen Behandlungen können noch nicht gemacht werden, da die Entschlüsselung des Codes erst im Verlauf des Jahres 1976 erfolgen wird.

Integration von Analysenautomaten in Laborsysteme
durch Einsatz von Mikroprozessoren

H. KOCHS, K. KILLIAN

## 1. Systemkonzept

Bei der Automatisierung und Rationalisierung der Arbeitsabläufe in biochemischen Laboratorien ist das gewählte Konzept für die Meßwerterfassung
und -kontrolle die dominierende Systemkomponente. Hier lassen sich zwei
in ihrer Verarbeitungsprozedur grundsätzlich verschiedene Realisierungsformen aus den bisher im Routinebetrieb arbeitenden Systemen extrahie-
ren:

1.1.    Vollständige Erfassung der Meßwerte zusammen mit der Patientenidentifikation on-line vom Analysengerät und Verarbeitung der
Resultate am Ende der abgeschlossenen Meßreihe [1].
1.2.    Vollständige Erfassung jedes einzelnen Meßwertes zusammen mit der
Patientenidentifikation in Form von Meßwertsätzen und direkte,
d.h. Real-time-Kontrolle sowie Verarbeitung dieser Sätze durch die
Datenverarbeitungsanlage [2].

Neben dem grundsätzlich anderen Aufbau der beiden Programmsysteme unterscheiden sich die Konzepte auch in ihrer Hardware-Struktur und damit eng
verbunden in ihrer Rechnerausfallsicherung.

Im Fall 1.1. genügt es, jedes Gerät, oder alle Geräte über einen Multi-
plexer zusammengeschaltet, mit einem On-line-Rechneranschluß und einem
off-line arbeitenden Datenaufzeichnungsterminal (Lochstreifen, Magnet-
band) auszurüsten.

Im Fall 1.2. sind zwei Realisierungsformen unterscheidbar:

1.2.1. Aufbau von autonom arbeitenden Arbeitsplätzen, die bis zum Endre-
sultat alle Kontroll- und Verarbeitungsprozeduren selbst durchführen und die Ergebnisse ausgeben. Der nachgeschaltete Laborrechner führt in diesem Fall nur noch MISCH- und SORTIER-Prozesse
durch. Hierzu zählen Systeme, die Mikroprozessoren direkt im Analysengerät enthalten [3] oder durch solche ergänzt wurden.

1.2.2. Realisierung von autonom arbeitenden Arbeitsplätzen unter Verwen-
       dung geräteorientierter Verarbeitsprozeduren im Laborrechner mit
       einer Notfalldatenpräsentation der sogenannten Rohmeßwerte am
       Arbeitsplatz [4].

Der Vorteil des Systems 1.2.1. liegt darin, daß bei Ausfall des Labor-
rechners die Ergebniswerte vollständig am Arbeitsplatz vorliegen. Ein
Nachteil ist jedoch darin zu sehen, daß für jedes Instrument ein eigenes
Software-Paket erstellt werden muß [5] und eine Real-time-Vorwertkon-
trolle oder Interverfahrenskontrolle [6] nicht durchgeführt werden
kann. Die letztgenannten Nachteile könnten nur durch ein aus Arbeits-
platzrechnern gebildetes Rechnernetz in Stern- oder Ringstruktur [7]
aufgehoben werden. Hierzu existieren jedoch bisher keine für den Routinebetrieb einsetzbaren Systemvorschläge.

In dieser Arbeit werden die Hardware-Probleme und deren Lösungsmöglichkeiten mit Hilfe von mikroprozessor-gesteuerten Interfaceeinheiten im
Rahmen des Systemkonzeptes 1.2.2. diskutiert und anhand eines realisierten Beispiels erläutert. Die Grundlagen des Software-Systems für ein derartiges Konzept sind in [6] detailliert dargestellt, so daß hier darauf
verzichtet werden kann.


## 2. Die Umgebung des analytischen Meßplatzes

Die technische Konzeption der einzelnen Arbeitsplätze ist bezüglich der
vorhandenen Organisationsform des Laboratoriumsbetriebes kontextsensitiv.
Es ist damit notwendig, die Einflüsse der Umgebung auf den Arbeitsplatz
und seine Einordnung in das Gesamtsystem kurz zu umreißen. Dies soll am
Beispiel des Laborsystems am Institut für Klinische Chemie der Universität München Großhadern durchgeführt werden, das als Subsystem eines zentralen Krankenhausverwaltungsrechners aufgebaut ist.

Das Labor erhält von den Stationen oder von externen Einsendern Proben-
gut mit Patientenidentifikation und Untersuchungsanforderungen und gibt
Untersuchungsergebnisse, verknüpft mit Patientenstammdaten, die über den
zentralen Verwaltungsrechner des Krankenhauses erfaßt und dem Laborsystem übermittelt werden, an den Auftraggeber zurück. Leistungsdaten für
die Abrechnung und Befunde zur Dokumentation werden ebenfalls direkt an
den Verwaltungsrechner übermittelt.

Im Labor ist der in Abbildung 1 vereinfacht dargestellte Ablauf realisiert.

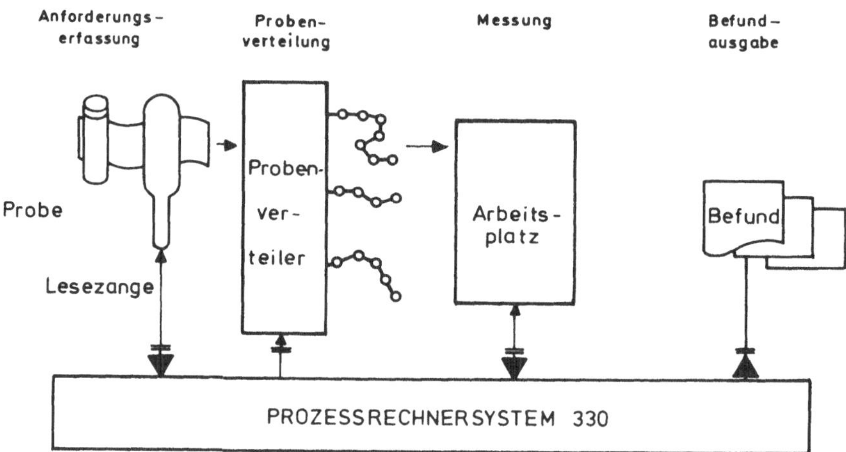



Abb. 1: Datenfluß im Labor

Mit Hilfe einer speziell entwickelten Markierungslesezange [8] werden
die markierten Daten der mit dem Untersuchungsgut verbundenen Untersuchungsanforderungen dem Prozeßrechnersystem mitgeteilt. Dieses steuert
den Probenverteiler, der das Untersuchungsgut aus dem Primärgefäß in automatisch codierte Sekundärgefäße füllt und diese in Ketten einsortiert,
die dann zur Weiterverarbeitung an die einzelnen Arbeitsplätze gebracht
werden. Gleichzeitig wird direkt am Arbeitsplatz eine Liste der auszuführenden Untersuchungen gedruckt. Die Meßergebnisse werden über sogenannte Meßwertvorverarbeitungseinheiten in Form standardisierter Rohdatensätze an das Rechnersystem zur Weiterverarbeitung übermittelt. Nur
die Rohmeßwertsätze werden bei Systemausfall auf dem arbeitsplatzorien-
tierten Drucker protokolliert.

Das Analysengerät muß zur On-line-Datenerfassung durch die in Abbildung
2 dargestellten Zusatzgeräte ergänzt werden:

-   Probenzuführung mit Leser für die Probenidentifikation,
-   Interface zur Bildung von Standard-Datensätzen für den Schnitt-
    stellenverkehr mit der Datenverarbeitungsanlage (GMDS-NORM) und
    Druckersteuerung,
-   Drucker zur Protokollierung der Rohmeßwertsätze und der vom Rechner
    erstellten Listen, sowie der Fehler und Bedienungshinweise. (Der
    Drucker ist hierzu mit zwei alternativ arbeitenden Schnittstellen
    ausgerüstet.)

Bei den bisher realisierten Systemen wurden hierfür spezielle Zusatzgeräte entwickelt, deren Hardware meist aufwendig ist. Daher war es

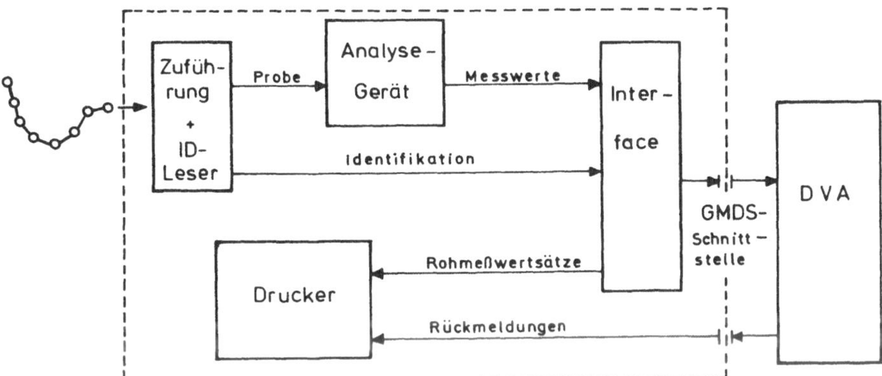



Abb. 2: Ausstattung eines On-line-Arbeitsplatzes

mit vertretbarem Kostenaufwand nur möglich, diese Entwicklungen für die
von der Mehrzahl der Anwender benutzten Geräte durchzuführen.

Diese starren Zusatzbausteine sind für Großseriengeräte sinnvoll, jedoch
für das weit größere Spektrum der Spezialgeräte nicht flexibel genug.
Auch eine wünschenswerte Steuerung der Geräte durch die DVA [5] ist in
einer weiteren Ausbaustufe nur schwer möglich.

Es wird damit ein neues Konzept für die Konstruktion solcher Zusätzgeräte
oder der Gerätesteuerung selbst benötigt.


## 3. Integration der Mikroprozessoren in die Arbeitsplätze

Die technischen Voraussetzungen für die Integration des Mikroprozessors
in den Funktionsablauf am Arbeitsplatz ergeben sich zum Teil durch Aus-
nutzung der in den letzten Jahren auf dem Gebiet der Netzwerksynthese
geschaffenen Möglichkeiten.

Betrachtet man die Entwicklung der Steuerungstechnik von Analysenautomaten, angedeutet in Abbildung 3, so zeigt sich, daß die Steuerung der
Analysengeräte bei den älteren Geräten durch mechanische Schaltwalzen
erfolgte. Diese Walzen wurden später durch digitale Netzwerke ersetzt.
Ein großer Nachteil solcher Netzwerke ist jedoch die gerätespezielle
Hardware für jede einzelne Aufgabe, die hohe Entwicklungskosten und komplizierte Wartungsarbeiten beinhaltet.

Eine Verbesserung läßt sich erzielen, wenn die Funktion solcher Schaltungen mit Hilfe Boole'scher Algorithmen in die Normalform überführt
wird. Damit ergeben sich Funktionsmatrizen, die in der einfachsten Form
mit Dioden als Verknüpfungselemente aufgebaut werden können.

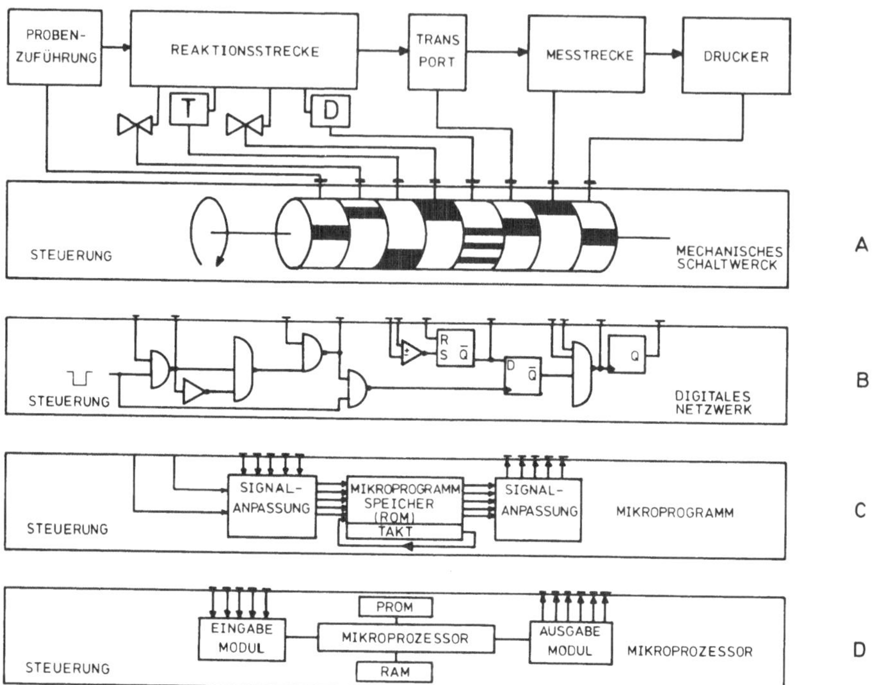



Abb. 3: Steuerungstechniken von Analyseautomaten

Mit Entwicklung der Festkörperelektronik werden solche Matrizen integriert als Read-Only-Memory (ROM) preisgünstig angeboten. Durch Hinzufügen von Taktgenerator und Rückkopplungen zwischen Ein- und Ausgängen lassen sich so schon recht komplexe, durch Austausch der Matrix änderbare, Funktionen erzeugen. Dies führt zur Mikroprogrammsteuerung, die schematisch im Fall C der Abbildung 3 dargestellt ist.

Eine weitere Verbesserung wird durch die aufgabenorientierte Verknüpfung von einzelnen Matrixzeilen und gespeicherten Daten mit Hilfe der Mikroprozessortechnik erzielt. So lassen sich Steuerungen mit Interface-Funktionen realisieren, die mit der gleichen Hardware durch verschieden programmierte steckbare ROM-Bausteine den unterschiedlichen Aufgaben angepaßt werden können. Dies ist heute bei Berücksichtigung der Gesamtkosten sicher meist die günstigste Lösung [9,10].

Die durch die Mikroprozessorsysteme gegebenen Möglichkeiten können zum Aufbau des voll integrierten On-line-Laborsystems benutzt werden. Die Struktur der einzelnen Arbeitsplätze entspricht dann dem allgemeinen Schema in Abbildung 4: Das Analysengerät wird durch die Moduln Eingabe, Ausgabe und Steuerung zu einem Arbeitsplatz erweitert, der on-line mit der Labordatenverarbeitungsanlage gekoppelt ist, aber auch off-line funktionstüchtig bleibt.

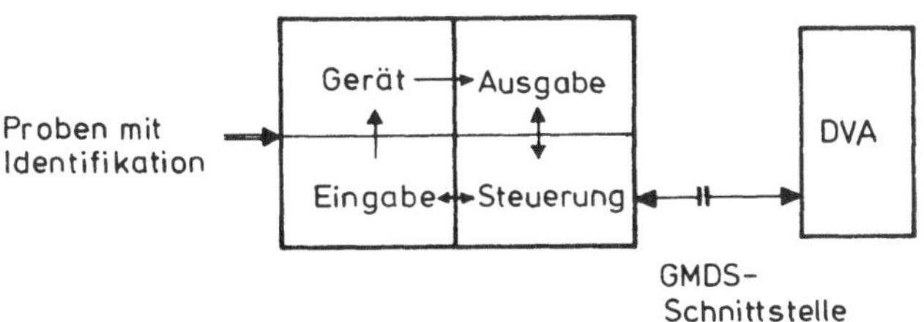


Abb. 4: Autarker Arbeitsplatz

Dabei übernimmt die Steuerung keine Datenverarbeitung, sondern nur Datenanpassungs- und Pufferfunktionen. Alles weitere sollte aufgrund der Weiterentwicklung der biochemischen Meßmethoden mit dem frei programmierbaren Laborrechner realisiert werden. Dies entspricht einer Einteilung in geräteorientierte und meßverfahrensorientierte Verarbeitungs- und Kontrollprozesse.

Für den geräteorientierten Teil ergeben sich die folgenden Aufgaben:

- Überwachung der Gerätefunktion,
- Steuer- und Regelaufgaben am Gerät,
- Dekodierung der Identifikation,
- Umrechnung von Meßwerten, AD-Wandlung, Pegelanpassung und Codierung,
- Bildung standardisierter Rohdatensätze bestehend aus
  * Identifikation,
  * Verfahrenskennzeichnung,
  * Meßwert,
  * Zusatzinformation
- Schnittstellenverkehr mit der Datenverarbeitungsanlage:
  * Meldungen von Gerätefunktionen,
  * Übergabe von Meßdaten,
  * Übernahme von Steueranweisungen
- Ausgabe von Meldungen der Datenverarbeitungsanlage und
- Steuerung der Protokollierung.

Die Ausführung dieser Funktionen durch ein Standard-Mikroprozessorsystem ergibt ein hohes Maß an Flexibilität in jedem Punkte und ein leichtes Anpassen des Gerätes an die Laororganisation. Besondere Bedeutung für Kostenersparnis und Standardisierung hat in diesem Zusammenhang die Möglichkeit, die Anschaltung der Arbeitsplätze an die Datenverarbeitungsanlage ohne zusätzliche Hardware-Bausteine mit verschiedenen Übertragungsverfahren durchzuführen.

## 4. Anwendungsbeispiel

Dieses Konzept wurde im Labor des Klinikums Großhadern für einen sowohl im Routine- als auch im Notfallbetrieb eingesetzten Arbeitsplatz realisiert und getestet. Es handelt sich um den Automaten ACA der Firma Dupont, der zu einem Untersuchungsgut eine variable Anzahl aus bis zu dreissig verschiedenen Analyse-Verfahren durchführt. Das Gerät fotografiert die Patientenidentifikation (Abb. 5) und druckt die Meßwerte auf das Foto.

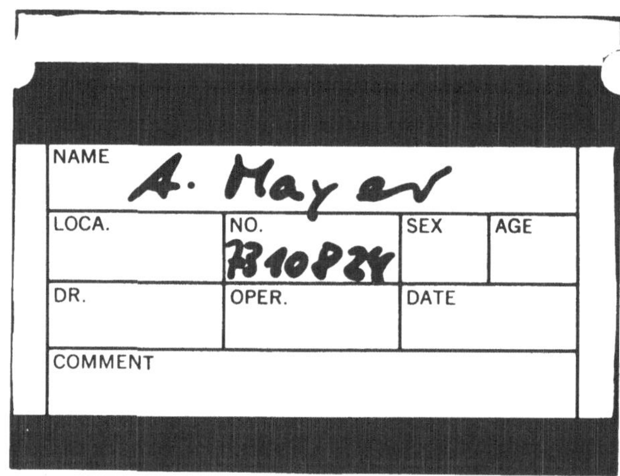


Abb. 5: Probenidentifikationskarte des ACA, standard

Diese automatisch nicht lesbare Probenidentifikation mußte zunächst in maschinenlesbare Form gebracht werden (Abb. 6).

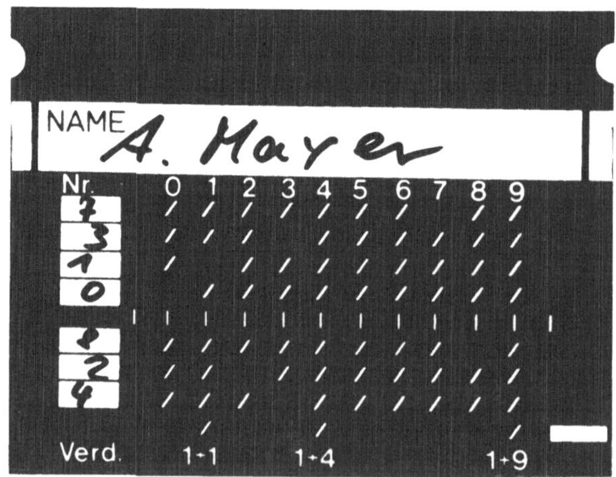


Abb. 6: Probenidentifikationskarte des ACA für Markierungsleser

Hierzu wurde auf die Karte ein Markierungsfeld im 1—aus—10-Code für die

Codierung der Patientennummer gedruckt.

In der Probenzuführung mußte damit ein im Labor entwickelter Markierungsleser angebracht werden, mit dessen Hilfe die auf der Karte (Abb. 6) mar-
kierte Probenidentifikation gelesen und vom Mikroprozessor (PCU) deco-
diert wird.

Meßwert und Verfahrenskennzeichen werden über einen Zwischenstecker in
den Signalleitungen des Automaten abgenommen. Die Zusätze sind nur durch
Stecker angeschlossen und damit jederzeit nachrüstbar und zu entfernen.
Schwierigkeiten mit der Wartung durch den Hersteller werden hierdurch
vermieden.

Im Mikroprozessor wird aus den so empfangenen Daten ein standardisierter
Rohdatensatz gebildet und an das Prozeßrechnersystem des Labors übermittelt. Die Datensicherung am Arbeitsplatz erfolgt unverändert durch Ab-
lichtung der Markierungskarte und Druck der Ergebnisse unter das Bild.

Das Programm des Mikroprozessors arbeitet nach dem Scanning-Verfahren:
Alle Änderungen auf Signalleitungen werden ohne Benützung von Alarmen
ständig abgetastet und verarbeitet.

Entsprechend den einzelnen Aufgabenbereichen

- Identifikation lesen,
- ACA überwachen,
- Datensätze bilden,
- Schnittstellenverkehr mit der DVA abwickeln und
- Hardware- und Verbindungskontrollen

ist das Programm in einzelne, logisch abgeschlossene Moduln mit definierten Datenschnittstellen unterteilt, die jeweils in eigenen steckba-
ren integrierten Schaltungen (PROM) programmiert sind. Dies vereinfacht
den Service. Auch bei späteren Modifikationen ist so in der Regel nur
ein PROM-Chip auszuwechseln.

Die zeitliche Koordinierung muß der Modul gewährleisten, dessen Zeitver-
halten nicht von vornherein determiniert ist. In diesem Fall kann der
Schnittstellenverkehr zur Datenverarbeitungsanlage für den Arbeitsplatz ACA systemfremde Programmlaufzeiten haben.

Alle formalen Fehler während des Betriebes werden in den einzelnen Moduln ermittelt und sowohl direkt angezeigt als auch in Form von Zusatzinformation an die DVA übermittelt. Besonders aufwendig sind die
Hardware- und Verbindungskontrollen. So werden z.B. fehlerhafte Steck-

verbindungen ermittelt und Bitfehler in den Programmbausteinen (PROM),
die nach dem Betrieb über mehrere Jahre auftreten können, mit der Nummer
des fehlerhaften Bausteins angezeigt. Prüfziffer- und Parity-Kontrollen
ergänzen dieses System, das falsche Meßwertübermittlung und Zuordnung von
Meßwerten zu falschen Patienten weitgehend ausschließt.

Der Mikroprozessor benötigt einen Ausbau von 800 16-bit-Worten Programm-
speicher (PROM) und 54 Worten Datenspeicher (RAM) [11].

Ein Vorteil des Identifikationsverfahrens läßt sich an den in Abbildung
7 dargestellten Untersuchungsanforderungen zeigen:

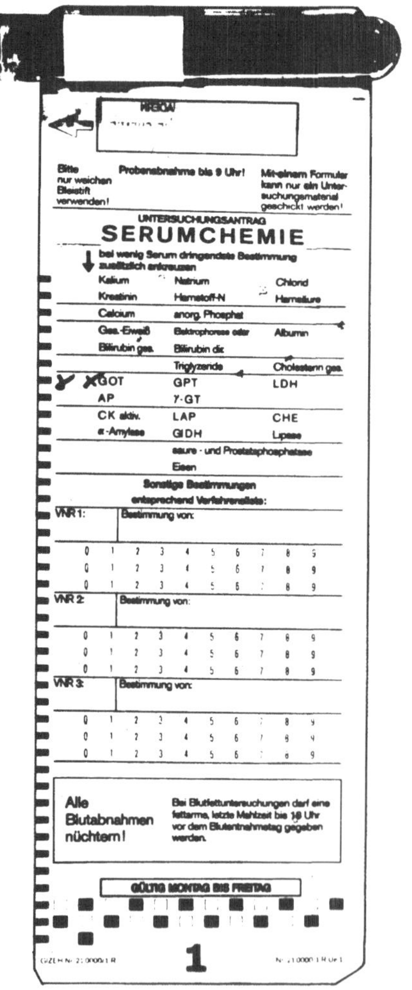


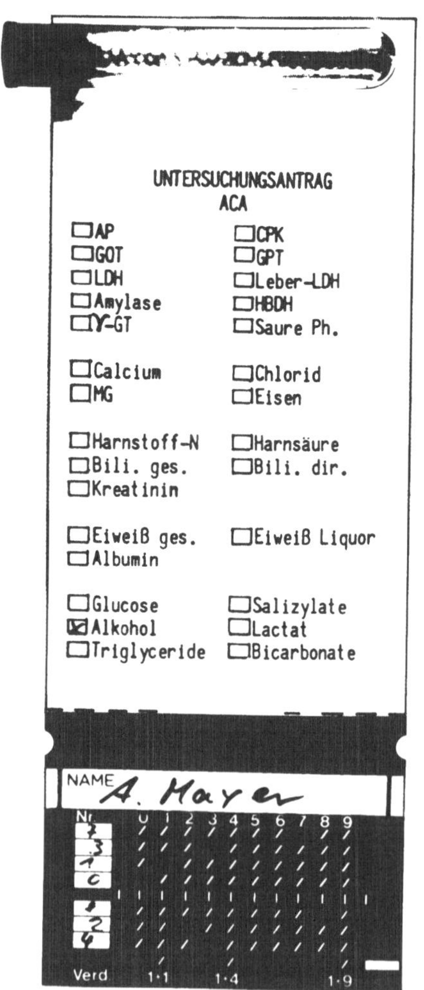


Abb. 7 a: Untersuchungsauftrag des
Klinikums Großhadern

Abb. 7 b: Laborauftrag für ACA

Abb. 7 : Untersuchungsanforderungs- und Probenidentifikationsverfahren
(Behälter mit Untersuchungsgut sind angeklebt)

Das im Klinikum Großhadern auch für alle übrigen Untersuchungsanträge
benutzte Verfahren ist in Abbildung 7 a dargestellt. Die Untersuchungen
werden über den Standard-Untersuchungsantrag angefordert und die Patientenidentifikation im Labor auf die Markierungskarte übertragen. In
Abbildung 7 b ist eine  besonders für kleinere Häuser oder speziell für
den Notfallbetrieb  geeignete Variante dargestellt. Untersuchungsantrag
und Markierungskarte hängen hier zusammen. Sie werden auf der Station
ausgefüllt und an das Gefäß mit dem Untersuchungsgut geklebt. Im Labor wird die Karte nur abgetrennt und in den Automaten gehängt.

Damit ergibt sich ein System mit direkter positiver Probenidentifikation
und Untersuchungsanforderung von der Blutabnahme bis zur Befundpräsenta-
tion.

## 5. Schlußbemerkung

Standard-Mikroprozessorsysteme eignen sich hervorragend zur Integration
von Analysenautomaten in Real-time-Labordatenverarbeitungssysteme. Es
hat sich jedoch als sinnvoll erwiesen, den Aufgabenbereich der Mikro-
prozessoren auf die Gerätesteuerung, Daten-Formatierung und -Übermitt-
lung zu beschränken und die verfahrensspezifischen Verarbeitungs- und
Kontrollprozeduren in dem frei programmierbaren Laborrechner ablaufen
zu lassen.

## Literatur


[1]   PORTH, A.J.          Klinische Befunddokumentation, Laboratoriums-
                          daten.
                          in: WAGNER,G., KOLLER,S. Handbuch der medizi-
                          nischen Dokumentation und Datenverarbeitung,
                          Schattauer Verlag, Stuttgart, 1975, S. 664

[2]   KNEDEL, M.          Datenverarbeitung im klinisch-chemischen In-
                          stitut am Städtischen Krankenhaus München-
                          Harlaching
                          Sonderdruck MC 50 / 1016, Rs 4725, Siemens
                          AG, Erlangen

[3]   BLATT, E.;          Datenverarbeitung in den Laboratorien der
      DETZEL, H.;         LVA Oberbayern, München
      HOCHSCHEIN, M.;
      PETERSEN, K.F.;     GIT 18, Heft 10/11, 1974
      SCHMIDT, E.;
      VESTERLING, A. B.;
      WINKLER, E.

[4]  KNEDEL, M.;       Ein System zur automatischen Meßwerterfassung
     SCHIPPER, P.;     und Verarbeitung für klinisch-chemische Labo-
     HAAS, W.;         ratorien unter Verwendung rechnerlesbar co-
     KILLIAN, K.;      dierter Probenröhrchen
     KRECH, H.
                       Vortrag auf dem Kongreß "Biochemische Analy-
                       tik", München 29.4-2.5.1970

[5]  BÜTTNER, H.       Problems of interfacing analytical instruments
                       to computer

                       in: SIEST,G. Organisation des Laboratoires,
                       Biologie Prospective, L'expansion scientifique
                       Francaise, 1972, S. 277

[6]  KILLIAN, K.       Ein modular strukturiertes Programmsystem mit
                       interaktiven Variations- und Optimierungsmög-
                       lichkeiten zur Real-time-Verarbeitung bio-
                       chemischer Meßwerte in der Klinik

                       Dissertation Universität Karlsruhe, 1976

[7]  SCHÖFFLER, J.D.   Organization of Software for Multicomputer
                       Process Control Systems

                       Lecture Notes in Computer Science, Bd. 12,
                       S. 14-62, Springer-Verlag, Berlin - Heidel-
                       berg - New York 1974

[8]  KILLIAN, K.       "Vorrichtung zum maschinellen Lesen von Da-
                       ten

                       Patentanmeldung P 2621 194.9 und G 7615
                       155.8

[9]  KNEDEL, M.        Datenverarbeitung in der klinischen Chemie

                       Vortrag auf der Tagung "Alternativen medizi-
                       nischer Datenverarbeitung", München 19.2.1976

[10] GÖSSLER, R.;      Auf dem Weg zur Mikroprozessor-Praxis
     SCHWERTE, J.
                       Elektronik, Heft 3, 1976, 74-85

[11] SPECHT, E.        Technik der Labordaten-Erfassung und -Ver-
                       arbeitung heute

                       GIT, Fachzeitschrift für das Laboratorium,
                       19, 1975, 875-880

<u>Zur interaktiven Auswertung medizinischer Massendaten</u>

H. K. SELBMANN

Der Erfolg der interaktiven Datenverarbeitung im Rahmen der Datenerfassung ist unumstritten, denkt man nur an die vielfältigen Möglichkeiten der interaktiven Plausibilitätsprüfung oder des Medical Record
Linkage. Aus diesem Grund soll hier nur auf die Probleme eingegangen
werden, die die Dialogauswertung bereits existierender medizinischer
Datenbestände aufwirft. Die folgenden Ergebnisse basieren dabei überwiegend auf Erfahrungen, die wir seit drei Jahren mit der Anwendung
des von uns entwickelten Systems SAVOD [1] - Sammel- und Auswertungssystem volldynamischer Datenbestände - gemacht haben.

Das Ziel jedes Auswertungssystems sollte es sein, den inhaltlich interessierten Benutzer durch Bereitstellung geeigneter Systemressour-
cen zu einer optimalen Auswertung seiner Daten zu führen. Das heißt
insbesondere, wie es in einem Workshop auf der 20. Jahrestagung der
GMDS formuliert wurde [2], ihn weitgehend freizustellen von allem,
was nicht unmittelbar mit seinem Auswertungsproblem in Zusammenhang
steht.

Diese Anforderung gewinnt wesentlich an Bedeutung, wenn die Auswertungssysteme zudem die gedanklichen Auswertungsstrategien der Benutzer
zeitgerecht unterstützen sollen.

Der Einsatz interaktiver Datenverarbeitungsmethoden führt hier gegenüber der stapelweisen Verarbeitung zu folgenden Vorteilen:

- der Beantwortung der gestellten Anfragen im Sekundenbereich
- der Verwendung von papierlosen Ausgabengeräten
- der Anpassung der Auswertungsdialoge an Benutzer und Probleme
- der Hilfestellung des Systems beim Umgang

   * mit sich selbst, etwa beim Erlernen seiner Sprache oder
     seiner Fehlerdiagnostik
   * mit den Daten z. B. beim Abbilden der medizinischen Frage-
     stellungen auf die erfaßten Daten und

*    mit den Verfahren etwa bei der Auswahl statistischer Verfahren.

Geht man davon aus, daß jede interaktive Auswertung im Prinzip auch mit Hilfe der Stapelverarbeitung und einer ergänzenden Dokumentation durchgeführt werden könnte, dann stehen bei der interaktiven Datenauswertung die Vorteile der schnellen Information den Nachteilen der höheren Kosten gegenüber. Diese Alternative kann nur im Einzelfall entschieden werden.

Allgemein erscheint der Einsatz interaktiver Auswertungssysteme sinnvoll:

-    zur Abwicklung komplexer Plausibilitätsprüfungen und Datenkorrekturen nach Abschluß der Datenerfassung
-    zur kurzfristigen Beantwortung von Fragen für zeitkritische medizinische Entscheidungen
-    zur Durchführung von Auswertungsprozessen zur Hypothesengenerierung, die über Zwischenergebnisse zu steuern und daher in ihrem Ablauf nur in Grenzen vorplanbar sind
-    zur Vorbereitung der Daten für nachfolgende Stapelverarbeitungsprozesse etwa durch

     *    Definition ausreichend großer Untergruppen oder Matched-Pair-Bildungen
     *    Transformation der Daten wie bei Übergewichtsindizes, Risikomustern und Zeitdifferenzen oder
     *    Berechnung von Beschreibungsparametern für zeitliche Individualverläufe

-    zur Erarbeitung von Pilotauswertungen für spätere routinemäßige Anwendungen, insbesonders die Fixierung der zu stellenden Fragen, Tabellen und Grafiken.

Außerdem sind all die Auswertungen vorteilhaft im Dialog zu realisieren, bei denen die Benutzer an komplexe Methoden herangeführt werden müssen, wie sie etwa verschiedene statistische Verfahren oder die Synchronisierung oder Homologisierung zeitlicher Verläufe darstellen. Im Extremfall könnte dies soweit gehen, daß nur die Formulierung eines komplexen Auftrages, nicht jedoch die eigentliche Auswertung im Dialog erfolgt.

Welchen zeitlichen Anforderungen müssen nun interaktive Auswertungssysteme explizit genügen, um als solche zu gelten?

Pauschal formuliert gilt sicher, daß ein Auswertungssystem sich so
lange mit der Beantwortung einer Anfrage Zeit lassen darf, so lange
sich der Benutzer nicht durch die Wartezeit in seiner Auswertung behin-
dert fühlt. Dabei wird i. a. nicht zwischen dem Zeitbedarf des Auswertungssystems und dem des Betriebssystems unterschieden.

In einem normalen Gespräch zwischen zwei Personen beträgt die durch-
schnittlich von den Partnern akzeptierte Antwortzeit zwischen zwei und
vier Sekunden. Innerhalb dieser Zeitspanne erwartet der Fragestellende,
wenn nicht die Antwort, so doch zumindest ein Räuspern oder die Wieder-
holung der Frage vom Gesprächspartner als Zeichen des Verstandenseins.
Wie dort gilt auch beim Gespräch zwischen Auswertungssystem und Benutzer, daß die akzeptierten Antwortzeiten vom Schwierigkeitsgrad der Fragen und dem Bekanntheitsgrad der Partner abhängen. In der Abbildung 1
sind die Antwortzeiten auf typische SAVOD-Aufträge bei mittlerer System-
belastung und Fallzahlen bis 16000 denen vergleichbarer Betriebssystem-
aufträge nach MILLER [3] gegenübergestellt.

| Auftrag | max. akzeptierte Antwortzeiten von Betriebssystemen (R.B. MILLER) | SAVOD |
|---|---|---|
| Programmaufruf | 15 sec | 8 sec |
| Benutzeridentifikation | 17 sec | 7 sec |
| Systemhilfen | 2 sec | 2 sec |
| Umblättern | 1 sec | 2 sec |
| boole'sche Anfragen | 10 sec | 4 sec |
| Grafiken | 10 sec | 3 sec |
| mehrdimensionale Aus-zählungen | 15 sec | 10 sec |
| Programmschluß | 15 sec | 10 sec |

Abb. 1: Vergleich der Antwortzeiten von SAVOD mit jenen von Betriebs-
systemen nach R. B. MILLER [3]

Die Tatsache, daß SAVOD keine mittleren Antwortzeiten unter 2 Sekunden
aufweist, ist auf zusätzliche Systembelastungen und die weitgehende
FORTRAN-Programmierung zurückzuführen.

Die genannten maximal akzeptierten Antwortzeiten können sich verlän-
gern, wenn die Benutzer den Schwierigkeitsgrad ihrer Fragen erkennen
bzw. vom Auswertungssystem explizit darauf hingewiesen werden.

Daneben beeinflußt aber auch der Auswertungsgang die Längen der akzeptablen Antwortzeiten. Sie können nicht klein genug sein, wenn Aufträge vom System zu beantworten sind, bei denen der Benutzer mit großer Wahrscheinlichkeit einen Nachfolgeauftrag erwartet [4]. Am Ende eines Dialogblocks werden dagegen Wartezeiten über 15 Sekunden toleriert. Gelingt es trotz Verwendung optimal gewählter Speicherstrukturen und Programmiersprachen dennoch nicht, alle Antwortzeiten in tolerierbaren Grenzen zu halten, so erscheint die vom System veranlaßte Rückstellung der Anfragen und ihre Bearbeitung in einem die Dialogsitzung abschliessenden Stapelverarbeitungsprozess als die beste Lösung.

Auch hier zeigt sich, daß interaktive Auswertungssysteme nicht ohne ergänzende Stapelverarbeitungsprogramme konzipiert werden sollten, die zudem, bei vorplanbaren und weniger zeitkritischen Auswertungsstrategien eingesetzt, die vollen Möglichkeiten der Stapelverarbeitung wie große Ausgabeformate und den Einsatz von zeitaufwendigen Algorithmen ausnützen können.

Ebenso gewichtig wie die Einhaltung der gesetzten zeitlichen Bedingungen ist die Anforderung, daß interaktive Auswertungssysteme in der Medizin einem breiten Spektrum von Benutzern zur Verfügung zu stehen haben, angefangen bei Neulingen in der Datenverarbeitung, in der Statistik und in der Handhabung medizinischer Massendaten bis hin zu datentechnisch orientierten Statistikern. Nach den Erfahrungen mit SAVOD, das insbesonders statistisch interessierten Medizinern ohne Zwischenschalten eines eDV-Spezialisten die Auswertung ihrer Massendaten ermöglicht, erscheint es nicht ausreichend, einen oder zwei Dialogtypen zur Verfügung zu stellen. Vielmehr sollte in den drei Dialogteilen: Auftragsformulierung, Systemhilfen und Ergebnispräsentation dynamisch an Benutzer und Problem anpassungsfähige Dialogformen bereitstehen.

Die Abbildung 2 zeigt die Anforderungen der beiden Antipoden "Neuling" und "Fortgeschrittene", zwischen denen jedoch alle Zwischenstufen existieren.

Die von interaktiven Auswertungssystemen angebotenen Möglichkeiten zur Analyse medizinischer Massendaten stellen nicht nur in der technischen Anwendung neue Anforderungen an die Benutzer. Der zweite auftauchende Problemkreis heißt Aufstellen von Auswertungsplänen und Entwicklung von Auswertungsstrategien, um die Informationsgehalte großer medizinischer Datenbestände weitgehend ausschöpfen zu können.

| Neuling | Fortgeschrittene |
|---|---|
| **Auftragsformulierung** | |
| - sich selbsterklärende Sprache | - Kurzform |
| - einfache aber mächtige Funktionsprozeduren als vorformulierte Auswertungspfade | - Einzelfunktionen<br>- Möglichkeiten zur Funktionsprozedurbildung<br><br>- Systemschnittstellen für eigene Programme |
| **Systemhilfen** | |
| - Auftragsformulierungshilfen | |
| - ausführliche Fehlerdiagnostik mit Korrekturhinweisen | - Kurzdiagnostik |
| - einen ihn weitgehend unterstützenden Verfahrens- und Datenschutz | |
| | - technische Systeminformationen |
| **Ergebnispräsentation** | |
| - selbstinterpretierende Ausgaben | - flexibel in Form und Umfang |
| - feste Bilder | |
| - überwiegend Grafiken | |

Abb. 2: Gegenüberstellung der Anforderungen eines Neulings und eines
fortgeschrittenen Benutzers an ein interaktives Auswertungssystem

## Literatur

[1]  SELBMANN, H.K.;  SAVOD-Q Benutzerhandbuch
     RAAB, A.          Technischer Bericht Nr. 3, ISB München 1976

[2]  SELBMANN, H.K.;  Retrieval- und Auswertungsverfahren der
     BLOMER, R.J.;     interaktiven Datenverarbeitung
     BUSSE, H.;
     HÖLZEL, D.;       20. Jahrestagung der GMDS, Heidelberg, 1975
     SAUTER, K.;
     SCHADEWALDT, K.

[3]   MILLER, R.B.             Response Time in Man-Computer Conversatio-
                              nal Transactions

                              AFIPS Conference Proceedings 33, 1968,
                              267 - 277

[4]   NICKERSON, R.S.;        Human Factors and the Design of Time
      ELKIND, J.I.;           Sharing Computer Systems
      CARBONELL, J.R.         Human Factor 2, 1968, 127 - 134

# Auftragsformulierung und Auftragsabwicklung in einem auswertungsorientierten Datenbanksystem unter Berücksichtigung zeitlicher Verläufe

D. HÖLZEL



Ziel der Darlegungen ist es, Ansätze für die Auswertung von Verlaufsdaten innerhalb des Programmsystem MINDIUS (Medizinisches Informationssystem zur Diagnoseunterstützung [1]) aufzuzeigen. Das spezielle Datenbankkonzept und die Auftragsabwicklung sind in Abbildung 1 skizziert.

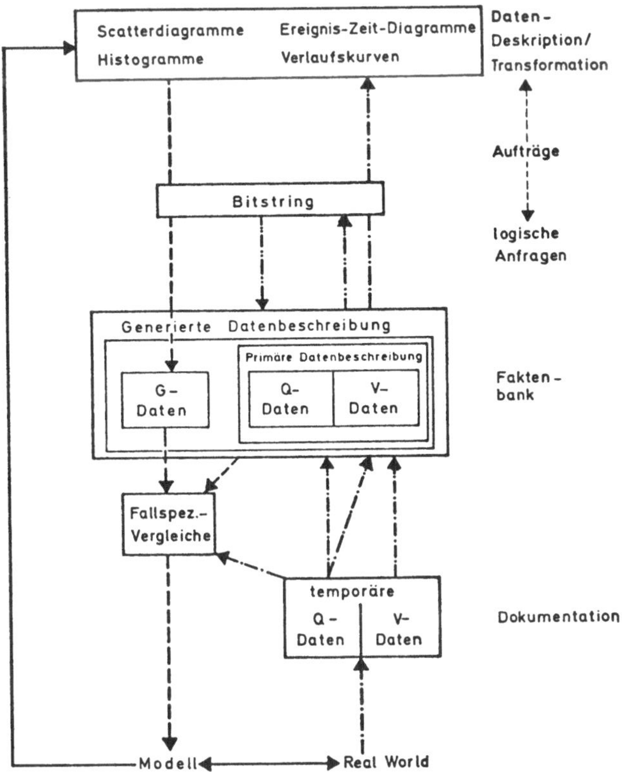


Abb. 1: Zielsetzung des Programmsystems MINDIUS

Eine Datenbank ist ein partielles, verzerrendes Abbild der Wirklichkeit, erstellt mit dem Ziel, die Wirklichkeit in Abhängigkeit von der Zielsetzung zu erkennen und / oder zu manipulieren. Das zu skizzierende Programmsystem enthält ein eigenes Dokumentationssystem für Querschnittdaten (Q-Daten), Momentaufnahmen im Sinne einer zeitpunktdefinierten Dokumentation und Verlaufsdaten (V-Daten) im Sinne einer ereignisdefinierten Dokumentation. Der Dokumentationsprozeß ist zweiphasig ausgelegt. In der ersten Phase werden die Daten temporär, fallorientiert gesammelt und in der zweiten nach formaler und logischer Prüfung in eine auswertungsorientierte Faktenbank übernommen. In dieser ist ebenfalls zwischen Q- und V-Daten zu unterscheiden.

Für den Zugriff zu den Originaldaten ist die primäre Datenbeschreibung erforderlich. Dieser Beschreibungsebene ist eine vom Benutzer frei definierbare sekundär zu generierende Beschreibungsebene übergeordnet. Parallel dazu kann auch die Datenebene durch Transformationen, Nach- und Neugenerierungen beliebig erweitert werden.

Der Auftragsabwicklung ist vorauszuschicken, daß bei Übernahme der Daten eines Patienten in die Faktenbank zusätzlich zu einem möglichen Ordnungskriterium eine fortlaufende Nummer vergeben wird. Für die Auswertung wird dann ein Fallzahlintervall von maximal 16.000 Fällen definiert. Sequentiell können Anfragen gestellt werden, wobei Ergebnis und Auftrag dynamisch in einem von vier Arbeitsspeichern mit Bitstring-Komponenten fixiert werden.

Bei den Auswertungen sind zwei Kommandogruppen zu unterscheiden:
1. Die Bitstring manipulierenden Kommandos wie
   - Bestimmung des Fallzahlintervalls,
   - logische Auswertungen und
   - Bitstringbearbeitungen.
2. Die deskriptiven Aufträge wie
   - Histogramme,
   - Scatterdiagramme,
   - mittlere Verlaufskurven und
   - Ereigniszeit-Diagramme.

Für die deskriptiven Aufträge sind mit den Bitstrings die Zugriffspfade zu den jeweils definierten Untergruppen fixiert.

Die linke Seite der Abbildung 1 beschreibt die Behandlung fehlender Werte für die extreme Variante, daß alle Werte fehlen. Das System erlaubt, unter Vorgabe von Modellvorstellungen, z.B. lineare Funktionen oder empirische oder fiktive ein- oder zweidimensionale Verteilungen, Merkmale partiell und neu zu generieren. Diese Generierung kann wiederum über die im Bitstring definierten Untergruppen erfolgen und macht damit eine Simulation sehr komplexer Strukturen möglich. Die generierten Daten sind ebenso auswertbar und bis auf die Fallebene vergleichbar mit den Originaldaten. Damit ist ein Ansatz gegeben, innerhalb eines Datenbanksystems Modellvorstellungen von der "Real World" durch einen Simulationsprozeß zu konkretisieren.

Das Programmsystem MINDIUS kann als Teilhabersystem parallel mehrere Terminals bedienen. Es ist für 10 Terminals ausgelegt. Allen Terminals stehen praktisch beliebig viele Faktenbanken zur Verfügung, wobei der Datenschutz weitgehend garantiert ist. Diese Teilhaber- und Multifaktenbank-Eigenschaften sind Voraussetzungen für ein allgemeines medizinisches Informationssystem zur Diagnoseunterstützung.

Abbildung 2 beschreibt die Struktur der Aufträge für logische Auswertungen von Verlaufsdaten.

Der Querschnittsauftrag besteht aus drei Elementen: Operation, Merkmal und Q-Bedingung. Für die Auswertung von Verläufen ist zusätzlich die Spezifikation eines Zeitintervalls erforderlich.

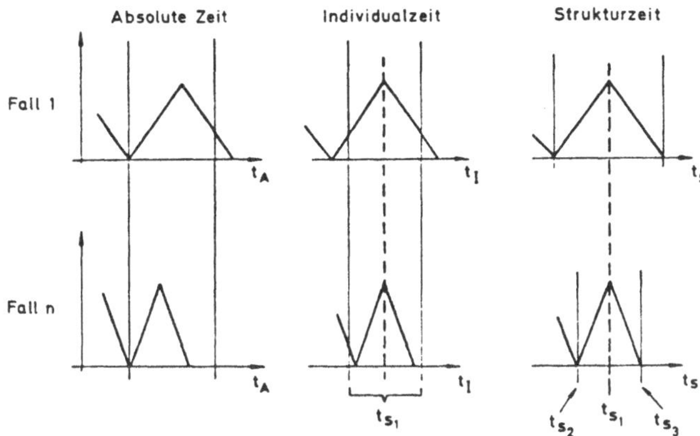


Abb. 2: Typen von Verlaufsaufträgen

Zwei Bemerkungen zu dieser Struktur:

In dem genannten Datenbanksystem ist für jeden dokumentierten Fall ein Bezugsdatum verfügbar. Je Verlaufsmerkmal liegen fallweise und dann chronologisch sortiert Segmente von Wertepaaren vor, wobei die Zeit (in Stunden oder Tagen) relativ zum Anfangsdatum verfügbar ist. Damit ist eine ereignisdefinierte Dokumentation - documentation by exception - realisiert.Diese impliziert aber die Spezifikation von Zeitintervallen bei Auswertungsaufträgen. Eine zeitpunktdefinierte Dokumentation kann dagegen im allgemeinen auf eine Querschnittsdokumentation zurückgeführt werden.

Die zweite Bemerkung bezieht sich auf den Begriff Zeit. Drei Zeitinterpretationen können unterschieden werden:
1. Absolute Zeit,
2. Individualzeit und
3. Strukturzeit.

Die Berücksichtigung der absoluten Zeit, d.h. die kalendarische Synchronisation erlaubt die Aufstellung von Betriebsstatistiken oder etwa die Ermittlung epidemiologischer Maßzahlen. Letzteres wird erleichtert durch die Integration eines modifizierten Diagnoseschlüssels ICD/E in das Programmsystem [2]. Bei kalendarischen Synchronisationen ist das Zeitintervall in kalendarischer Form zu spezifizieren.

Für eine ereignisorientierte Analyse ist gegebenenfalls zusätzlich eine entsprechende Synchronisation erforderlich. Für Spezialdokumentationen, bei denen ein klar definiertes Ereignis am Anfang der Verlaufsbeobachtung steht, z.B. Therapiebeginn oder Manifestation einer Krankheit liegt bei der genannten Speicherung relativ zum Bezugsdatum die erforderliche Synchronisation vor. Das Zeitintervall ist dann relativ zum Anfangsdatum in Tagen oder Stunden anzugeben. Im allgemeinen wird aber der gesamte Verlauf für eine Synchronisation herangezogen werden müssen. Zum Beispiel: synchronisiere auf ein definiertes Ende oder auf das n-fache Eintreten einer Bedingung, auf eine bestimmte Kurvenform und dergleichen mehr. Diese Synchronisationsbedingung liefert für jeden Einzelfall einen neuen Bezugszeitpunkt. Erst relativ zu diesem ist dann das endgültige Zeitintervall zu spezifizieren, indem die angeforderte Bedingung zu überprüfen ist. Bei diesen Auftragsformen könnte von der Individual-Zeit gesprochen werden. Adaptive Systeme zeigen im allgemeinen unterschiedliches zeitliches Verhalten, z.B. abhängig von der Vorgeschichte oder abhängig vom Alter. Möchte man trotzdem gemeinsame Strukturen eliminieren, so ist neben der ereignisdefinierten Synchro-

nisation die Berücksichtigung individueller Zeitintervalle erforderlich.
Dies kann als eine Transformation der Individualzeit betrachtet werden.
Für den formalen Aufbau der Auswertungsaufträge werden damit neben der
primären Synchronisation zwei weitere für die Bestimmung der individuellen Zeitintervallgrenzen erforderlich. Programmtechnisch sind erst
zwei Synchronisationen realisiert.

Die formale Struktur eines Verlaufsauftrages am Beispiel eines Ereignis-
zeit-Diagramms gibt Abbildung 3 wieder.

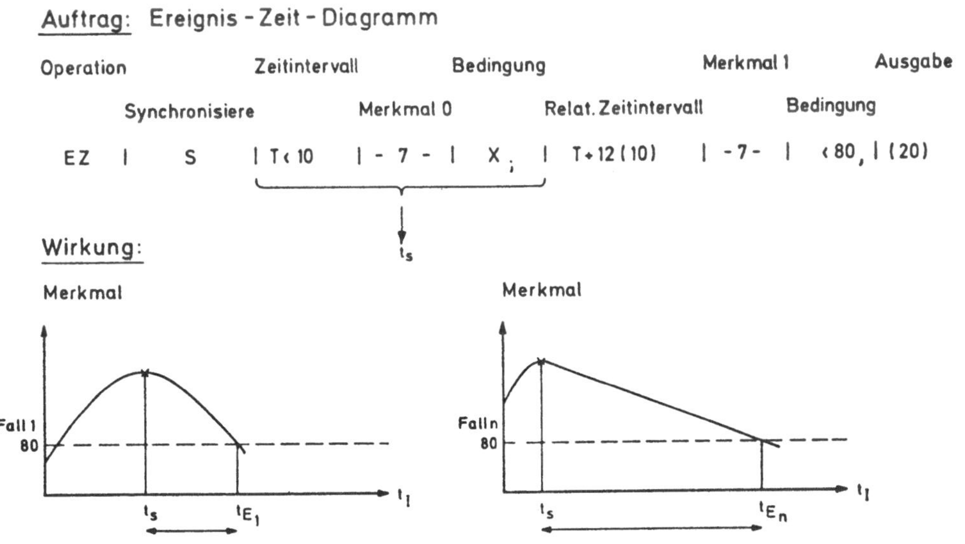


Abb. 3: Beispiel für einen Verlaufsauftrag

Prima vista mag der in der Abbildung formulierte Ausdruck komplex erscheinen. Er ist jedoch logisch recht einfach durch das Tripel Zeit,
Merkmal und Bedingung strukturiert. Durch die Sychronisationsbedingung:
suche für Merkmal 7 das Maximum innerhalb der ersten 10 Zeiteinheiten
des Verlaufs, wird ein Zeitpunkt $t_s$, der Synchronisationszeitpunkt bestimmt. Relativ zu diesem wird ein zweites Zeitintervall definiert, in
dem die zweite Bedingung im Beispiel ebenfalls für Merkmal 7 überprüft
wird. Als Ergebnis wird die Verteilung der Zeiten $(t_{E_i} - t_s)$ geliefert,
die verstreicht, bis nach dem Auftreten des Maximums in diesem skizzier-
ten Verlauf ein Schwellenwert unterschritten wird. (Das relative Zeitintervall (T+12(10)) wird in (20) äquidistante Klassen eingeteilt.)

Diese längliche Erklärung des Kommandos zeigt die Grenzen einer "be-
nutzerfreundlichen", der zwischenmenschlichen Kommunikation vergleich-

baren Formulierung von Aufträgen.

Verlaufsauswertungen sind logisch einfach strukturiert. Eine richtige
Auftragsformulierung setzt aber eine gute Kenntnis der Daten voraus.
Vier Aspekte des Auswertungssystems, die für die Auftragsformulierung
nützlich sind, seien noch erwähnt:

1. Die Ausgabe der Anzahl der dokumentierten Werte für jedes Zeitintervall beschreibt den Auswertungsbereich.

2. Eine detaillierte Fehlerinformation spiegelt die Güte der Dokumentation wider.

   In dem zuletzt genannten Beispiel wird ausgegeben:

   a) Anzahl der Fälle, bei denen keine Werte im Synchronisationsintervall vorlagen,

   b) Anzahl der Fälle, bei denen die Synchronisationsbedingung nicht erfüllt war,

   c) Anzahl der Fälle, bei denen keine Werte im relativen Zeitintervall vorlagen und

   d) Anzahl der Fälle, bei denen die Bedingung im relativen Zeitintervall nicht erfüllt war.

3. Die Fensterautomatik, d.h. die Definition eines kleinen Fallbereichs
   erlaubt eine Teilauswertung, reduziert die CPU-Belastung, erhöht den
   Systemdurchsatz. Sie eignet sich für eine syntaktische und semantische
   Prüfung des Auftrages. Danach kann der Auftrag in den Hintergrund delegiert werden.

4. Die differenzierte Verlaufspräsentation für Einzelfälle unterstützt
   ebenfalls die Formulierung der Aufträge.

Verlaufsdokumentationen stellen hohe Anforderungen an die Software. Einer routinemässigen Abwicklung der Auswertung in Batch-Prozessen sind
Grenzen gesetzt. Erkenntnisse sind eher in einem Mensch-Maschinen-Dialog zu gewinnen, in dem die Möglichkeiten der Maschinen genutzt und
durch die Kenntnisse und Intuitionen des Menschen - letztere gegebenenfalls provoziert durch den Rechner - sinnvoll ergänzt werden. Die skizzierte Software ist in dieser Zielsetzung zu interpretieren.

<u>Literatur</u>

[1]  HÖLZEL, D.     MINDIUS-Kurzbeschreibung
     KARRER, R.     Technischer Bericht 5 des ISB, München (1976)

[2]  HÖLZEL, D.     VERDI- Ein Programm zur Verschlüsselung von Diagnosen nach ICD/E und zur Pflege der Lexika
     KARRER, R.     Technischer Bericht 4 des ISB, München (1976)

<u>Ein Weg zur Clusteranalyse qualitativer Merkmale</u>

W. van EIMEREN

Bei der Auswertung medizinischer Massendaten fehlen bisher gleichermaßen
systematische wie umfassende Analysetechniken. Im allgemeinen werden
Häufigkeitsauszählungen und Graphiken vorgelegt, eventuell nach wenigen Kriterien gegliedert - etwa nach Alter und Geschlecht. Meist bleibt
offen, ob nicht doch wesentliche Beziehungen im Datenkörper unberück-
sichtigt blieben und damit die dargestellten Beziehungen falsche Ein-
drücke vermitteln. Die Auswertung erscheint dann torsohaft und legt die
Frage nahe, ob sie sich zum Aufwand der Datenerhebung und -erfassung in
einem vertretbaren Verhältnis befindet.

Die Gründe für ein Fehlen umfassender Auswertungen liegen im Fehlen entsprechender Verfahren, die mit Daten dieses Typs umzugehen verstehen.
Meist liegen nämlich Daten vor, die zu einem wesentlichen Teil aus
qualitativ mehrklassigen Merkmalen bestehen.

Techniken, wie die mehrdimensionale Kontingenztafelanalyse oder die
Konfigurationsfrequenzanalyse, helfen da primär nicht, da sie bei
gleichzeitiger Berücksichtigung von maximal fünf Merkmalen die Grenze
ihrer praktischen Anwendbarkeit erreichen.

Mit Clusteranalysen oder Faktorenanalysen ließ sich bisher das Problem,
mit qualitativ mehrklassigen Merkmalen umzugehen, in der Regel nicht
bewältigen. Man mußte dazu bisher die Merkmale in binäre umwandeln.
Dies ist ein sehr problematischer Weg, da die Merkmale aus ihrer dokumentierten Form gelöst werden, d.h. aus der Form, auf die sich Aussagen
bei vorsichtiger Interpretation nur beziehen können. Des weiteren
lassen sich so zwar Gruppierungen des Merkmalsträgers durchführen, also
Typisierungen von Menschen zum Beispiel, nicht jedoch Typisierungen der
Merkmale selbst.

Die drei wichtigsten Ziele einer automatischen Klassifikation von Merkmalen mehrklassig-qualitativer Art sind:

1. eine umfassende Beschreibung der Beziehungen in einem Datenkörper,
2. die Definition von Merkmalsgruppen, die damit einer Detailanalyse
   etwa im Sinne der Konfigurationsfrequenzanalyse oder der mehrdimen-
   sionalen Kontingenztafelanalyse zugeführt werden können und
3. das Hervorheben einiger Merkmale als wesentliche Repräsentanten
   der beobachteten Variabilität zum Zwecke der Datenreduktion.

Bei der Verfolgung dieser Ziele ist die primäre Aufgabe, ein Kriterium
der Ähnlichkeit zweier Merkmale zu konstruieren. Das Ähnlichkeitskri-
terium sollte folgendes darzustellen erlauben [siehe hierzu z.B. 1]:
1. wie 'groß' die Ähnlichkeit der Merkmale innerhalb der einzelnen
   Gruppen ist,
2. wie 'klein' die Ähnlichkeit der Merkmale verschiedener Gruppen ist,
3. wie 'gut' die Gruppen voneinander getrennt sind,
4. ob 'ähnliche' Merkmale tatsächlich zu gleichen, 'unähnliche' aber
   zu verschiedenen Gruppen eingeteilt wurden.

Auf der Basis dieser Überlegungen wurde folgendes 'Ähnlichkeits'-Kri-
terium entwickelt:

Als erste Annäherung zur Darstellung der Nähe zweier Merkmale wurde der
Kontingenzkoeffizient nach PAWLIK [2] gewählt. Er normiert den herkömmlichen Kontingenzkoeffizienten, indem er ihn auf den jeweils maximal
möglichen bezieht

$$CP = \sqrt{\frac{L}{L-1}} \cdot \sqrt{\frac{\chi^2}{N+\chi^2}} \quad ; \quad L = \text{Min (Zeilen-, Spaltenzahl)}$$

Die ausschließliche Darstellung der Ähnlichkeit zweier Merkmale über
die beobachtete Kontingenz zwischen ihnen erscheint jedoch aus folgenden Gründen zu problematisch:
1. Eine solche Beziehung zwischen zwei Merkmalen ist denkbar, wenn
   diese bezüglich ihrer Kontingenz zu allen anderen Merkmalen sehr
   unterschiedliches, ja widersprüchliches Verhalten zeigen. Die beiden Merkmale sind also unter Umständen trotz ihrer hohen Kontingenz
   wenig repräsentativ füreinander. Sie können im Verhalten gegenüber
   anderen Merkmalen praktisch kaum füreinander einstehen.
2. Kontingenzen zwischen qualitativ mehrklassigen Merkmalen können auf
   den unterschiedlichsten Beziehungsmustern beruhen. Zwei gleichgroße
   Kontingenzen würden gleiche Ähnlichkeit bedeuten, obgleich ganz unterschiedliche Beziehungen zugrundeliegen.
3. Ein solches Verhalten wäre im Endergebnis unter Umständen sehr stark
   von einzelnen Kontingenzkoeffizienten abhängig, obgleich man weiß,
   daß die Verteilung zwar unbekannt aber sicher von Punkt zu Punkt der

Matrix anders ist. Dies bedeutet, daß die Wahrscheinlichkeit, daß rein zufällig ein größerer Kontingenzkoeffizient auftaucht, in der Matrix von Punkt zu Punkt sehr unterschiedlich sein kann.

Eine wesentlich strengere und die soeben genannten Bedenken berücksichtigende Definition der Ähnlichkeit zweier qualitativer Merkmale liegt vor, wenn man verlangt, daß das Muster der Beziehungen, das jedes der beiden Merkmale zu den übrigen Merkmalen der Analyse aufweist, ebenfalls ähnlich ist. Dies läßt sich dadurch ausdrücken, daß zwischen je zwei Zeilen der Matrix der PAWLIK-Koeffizienten ein Rangkorrelationskoeffizient berechnet wird. Dies steht in Analogie zum Vorgehen von TRYON [3] und auch von MCQUITTY [4], die etwa zur Datenreduktion im Bereich der Itemanalyse nicht die Korrelationen zwischen zwei Items unmittelbar, sondern die Kollinearität dieser Korrelationen verwenden.

Mit dieser Definition der Nähe über die Rangkorrelationskoeffizienten der PAWLIK-Kontingenzkoeffizienten steht nun eine Matrix zur Verfügung, die auch qualitative Merkmale prinzipiell einer ganzen Reihe gängiger Clusteranalysen zugänglich macht.

Der vorgeschlagene Weg hat an einigen relevanten Datenkörpern sehr zufriedenstellende Ergebnisse gebracht [5]. Die Bewährung des vorgeschlagenen Weges in der breiten Anwendung steht noch aus.


## Literatur


[1]    BOCK, H.H.             Automatische Klassifikation,
                             Göttingen 1974

[2]    PAWLIK, K.            Der maximale Kontingenzkoeffizient im Falle
                             nicht quadratischer Kontingenztafeln
                             Metrika, 2, 1959, 150 - 166

[3]    TRYON, R.C.;          Cluster Analysis,
       BAILEY, D.E.          New York 1970

[4]    MCQUITTY, L.L.        Improving the validity of crucial decisions
                             in pattern analytic methods
                             Ed. and Psych. Measurement, 28, 1968, 8 - 21

[5]    EIMEREN, W. van       Multimorbidität in der Allgemeinpraxis
                             Deutscher Ärzte-Verlag, Köln 1976

Ein Programmsystem zur Unterstützung
des Unterrichts in Biomathematik


W. KÖPCKE


## 1. Problemstellung

Seit dem Sommersemester 1974 wird nach dem Inkrafttreten der neuen
Approbationsordnung für Ärzte [1] an allen medizinischen Fakultäten der
BRD Unterricht im Fach "Biomathematik" abgehalten. Besonders an der
Universität München mit über 700 Medizinstudenten pro Jahr stellte sich
die Aufgabe, den Unterricht nach dem Gegenstandskatalog [2] so weit wie
möglich durch die EDV zu unterstützen. Die Unterstützung ist einmal
durch eine EDV-Auswertung von Multiple-Choice-Arbeiten möglich. Diese
Möglichkeit ist an verschiedenen Stellen in der Medizin erprobt [3,4]
und wird auch in München durchgeführt. Daneben ist eine der wichtigsten
Aufgaben des Unterrichts in "Biomathematik", daß die Studenten durch
praktische Anwendungen die statistischen Arbeitstechniken in ihren
Grundlagen und Konsequenzen besser verstehen [2]. Zur Unterstützung
dieses Ziels ist am ISB ein Programmsystem [5] entwickelt worden, das
den folgenden Anforderungen gerecht werden soll:

1. Für alle im Lernzielkatalog genannten statistischen Arbeitstechniken sollen Übungsaufgaben durch den Rechner erstellt werden.
2. Jeder Aufgabentyp sollte aus einem sinnvollen Text und sinnvollen
   Zahlenwerten bestehen, die aber für jeden Studenten individuell
   verschieden sind. Damit soll erreicht werden, daß die Studenten
   auch mit einer Hausarbeit einen individuellen Leistungsnachweis
   erbringen können.
3. Das Programmsystem muß so konzipiert sein, daß die individuell verschiedenen Aufgaben leicht zu korrigieren sind.
4. Die Auswertung der Ergebnisse soll nicht nur für eine Aufgabe erfolgen, sondern über ein ganzes Semester hinweg alle Aufgaben einschließlich Multiple-Choice-Fragen umfassen.
5. Die Multiple-Choice-Arbeiten sind mit beleglesefähigen Formularen
   durchzuführen. Die Formulare sind so konzipiert, daß sie für jedes
   andere medizinische Fach verwendet werden können.

## 2. Beschreibung des Programmsystems

Das Programmsystem besteht aus zwei Teilen. Mit dem einen werden die verschiedenen Aufgaben generiert, mit dem anderen Teil erfolgt die Auswertung der Ergebnisse. Der erste Teil des Programmsystems enthält einen Zufallszahlengenerator, mit dessen Hilfe für jeden Aufgabentyp beliebig viele - unterschiedliche Zahlenwerte enthaltende - Exemplare erstellt werden können.

12 verschiedene Aufgabentypen können produziert werden:
- Häufigkeitsverteilung für gruppierte und ungruppierte Daten,
- Beschreibende statistische Maßzahlen,
- Scatterdiagramm,
- Regression und Korrelation,
- Kontingenztafel-Test,
- Vorzeichentest,
- t-Test für verbundene und unverbundene Stichproben,
- einfache Varianzanalyse und
- Wilcoxon-Test für verbundene und unverbundene Stichproben.

Jede Aufgabe besteht aus einem Kopfteil mit Semesterangabe, Abgabetermin und laufender Nummer, einem Lösungsteil für die Studenten und einem Unterschriftsteil. Als Beispiel ist in der Abbildung 1 der Aufgabentyp Varianzanalyse dargestellt. Die Lösungen zum Korrigieren (vgl. Abbildung 2) sind zur Erleichterung der Korrekturarbeit nach dem gleichen Schema aufgebaut wie die Aufgaben für die Studenten.

Mit dem zweiten Teil des Programmsystems erfolgt die Auswertung aller Übungsarbeiten einschließlich der Multiple-Choice-Arbeiten eines Semesters.

Dazu wird zu Beginn des Semesters eine Datei angelegt, die die Personalien (Name, Vorname, Matrikelnummer, Nummer der Übungsgruppe) der an den Übungen teilnehmenden Studenten enthält. Im Laufe des Semesters werden die erreichten Punktzahlen bei den Übungsaufgaben bzw. die Nummern der angekreuzten Multiple-Choice-Antworten unter Verwendung des Beleglesers hinzugefügt.

Die Ausgabe enthält bei den MC-Aufgaben für jede einzelne Frage: absolute und relative Häufigkeit der einzelnen Antworten, Trennschärfeindex und Schwierigkeitsindex; für eine ganze Multiple-Choice-Arbeit wird ausgegeben: absolute und relative Häufigkeit der erreichten Punktzahlen (mit graphischer Darstellung) und der Reliabilitätskoeffizient des Tests.

INSTITUT FUER MEDIZINISCHE INFORMATIONSVERARBEITUNG,          HAUSARBEIT                          SS 1976 -324
STATISTIK UND BIOMATHEMATIK DER UNIVERSITAET MUENCHEN         ==========

NAME: ...Maier...........     VORNAME: ......Hugo........

                                                             1. KLIN. SEMESTER
                                                             GRUPPE    A    B    C    D    E
                                                                       0    0    0    0    0
    ABGABETERMIN:15.07.76  11.00 UHR

**********************************************************************************************************

AUFGABE  1
==========

        DREI MEDIKAMENTE SIND AN 24 PATIENTEN GEPRUEFT WORDEN, WOBEI ZUFAELLIG JEDEM MEDIKAMENT 8 PATIENTEN ZUGEORDNET WAREN.
        DIE ERGEBNISSE  IN DEN DREI PRUEFGRUPPEN WAREN

            GRUPPE 1          GRUPPE 2          GRUPPE 3
               9                 7                12
               4                10                 8
               4                11                13
              12                 6                10
               8                 6                10
               0                 7                13
               4                11                14
               4                 6                11

        RECHNEN SIE EINE EINFACHE VARIANZANALYSE UND TRAGEN SIE DIE ERGEBNISSE IN DAS FOLGENDE SCHEMA EIN.

| | GRUPPE 1 | GRUPPE 2 | GRUPPE 3 | SUMME | | STREUUNG | SAQ | FG | MAQ | F |
|---|---|---|---|---|---|---|---|---|---|---|
| SUMME DER EINZELWERTE | 45 | 64 | 91 | 200 | | ZWISCHEN | 133.6 | 2 | 66.8 | 8.6 |
| (SUMME DER EINZELWERTE)**2 | 2025 | 4096 | 8281 | 14402 | | INNERHALB | 163.8 | 21 | 7.8 | |
| SUMME DER QUADRIERTEN EINZELWERTE | 353 | 548 | 1063 | 1964 | | GESAMT | 297.4 | 23 | | |

        BEI EINER IRRTUMSWAHRSCHEINLICHKEIT VON P<= 0.01 IST DER F-GRENZWERT NACH DER F-TABELLE ..5.78
        DER ERRECHNETE F-WERT IST
            X  GROESSER                              X  SIGNIFIKANT
            0  KLEINER, D. H. DAS ERGEBNIS IST       0  NICHT  SIGNIFIKANT

        DIE SACHAUSSAGE LAUTET:

        ........................................................................................................
        ........................................................................................................
**********************************************************************************************************

    ICH BESTAETIGE, DASS ICH DIESE ARBEIT SELBSTAENDIG ANGEFERTIGT HABE

    MUENCHEN, DEN:.....................                                   ...Maier...........
                                                                              UNTERSCHRIFT

Abb. 1: Aufgabentyp Varianzanalyse


ERGEBNISSE ZUR LAUFENDEN NUMMER  324
====================================

AUFGABE  1
----------

| | GRUPPE 1 | GRUPPE 2 | GRUPPE 3 | SUMME | | STREUUNG | SAQ | FG | MAQ | F |
|---|---|---|---|---|---|---|---|---|---|---|
| SUMME DER EINZELWERTE | 45. | 64. | 91. | 200. | | ZWISCHEN | 133.58 | 2.00 | 66.79 | 8.57 |
| (SUMME DER EINZELWERTE)**2 | 2025. | 4096. | 8281. | 14402. | | INNERHALB | 163.8 | 21.0 | 7.8 | |
| SUMME DER QUADRIERTEN EINZELWERTE | 353. | 548. | 1063. | 1964. | | GESAMT | 297.3 | 23.0 | | |

DER F-TABELLENWERT BETRAEGT      5.78

DAS ERGEBNIS IST DAMIT    SIGNIFIKANT


Abb. 2: Ergebnisse Varianzanalyse

Bei den Übungsaufgaben enthält die Ausgabe: absolute und relative Häufigkeit der erreichten Punktzahlen der einzelnen Aufgaben sowie der gesamten Übungsarbeit (mit graphischer Darstellung). Außerdem wird eine Gesamtübersicht ausgedruckt, die folgende Angaben enthält: Name des Studenten, Punktzahlen in Übungsarbeiten und Multiple-Choice-Arbeiten sowie die Gesamtpunktzahl. Die Ausgabe erfolgt einmal alphabetisch sortiert nach den Studentennamen und einmal sortiert nach der erreichten Gesamtpunktzahl.

Das Programmsystem ist in FORTRAN geschrieben. Der erste Teil zur Generierung der Aufgaben besteht aus etwa 3000 Statements, der Auswertungsteil aus 650 Statements.

Die Rechenzeit für ein Exemplar eines Aufgabentyps beträgt im Durchschnitt etwa 1,5 Sekunden. Die Semesterauswertung mit vier Übungsarbeiten und zwei MC-Arbeiten für 360 Studenten betrug etwa 240 Sekunden.


## 3. Erfahrungen

Seit drei Semestern werden Aufgaben dieses Programmsystems im Unterricht "Biomathematik" an der Universität München benutzt.

Aus Raum- und Personalgründen kann bei über 700 Studenten pro Jahr in Biomathematik ein Unterricht in kleinen Gruppen nicht stattfinden. Durch dieses Programmsystem erhält jedoch jeder Student die Möglichkeit mit individuellen Zahlenbeispielen die verschiedenen statistischen Arbeitstechniken praktisch anzuwenden.

Durch nachträgliche Ausgabe der Lösungen kann darüber hinaus jeder Student seine Berechnungen mit den richtigen Werten vergleichen und eventuelle Fehler erkennen. Als Alternative zu einer Multiple-Choice-Klausur haben die Aufgaben dieses Programmsystems den Vorteil, daß der Student ohne Leistungsdruck mit einer Hausarbeit einen individuellen Leistungsnachweis erbringen kann. Dies spiegelt sich auch in den Teilnehmerzahlen wieder. In den letzten drei Semestern haben jeweils weit über 50% der Studenten die Abschlußhausarbeit gewählt.

Der Korrekturaufwand (ohne Ablochen der Ergebnisse) ist sehr niedrig; er betrug bei 350 Studenten mit 2 Aufgaben für 4 Assistenten etwa je 2 Stunden.

Eine ausführliche Beschreibung des Programmsystems ist in einem technischen Bericht des ISB enthalten [6]. Interessenten kann dieser Bericht und das gesamte Programmsystem zur Verfügung gestellt werden.

Der Einsatz von beleglesefähigen Formularen für Multiple-Choice-Arbeiten wurde im WS 1975/76 in Biomathematik und Pharmakologie erprobt. Vom SS 1976 an ist eine Ausweitung auf alle medizinischen Fächer möglich.


<u>Literatur</u>

[1]  RACHOLD, R.                Approbationsordnung für Ärzte,
                                 Köln, 1971

[2]                            Gegenstandskatalog für den Ersten Abschnitt
                                 der Ärztlichen Prüfung

                                 Hrsg. Institut für medizinische Prüfungs-
                                 fragen, Mainz, 1973, 275 - 288

[3]  FLÖRKEMEIER, V.;          Vorlesungsbegleitende Leistungskontrollen
     GROSS, R.                   in der inneren Medizin

                                 Deutsches Ärzteblatt, 7, 1975, 443 - 445

[4]  SCHULZ, U.;              Leistungstest im Medizinstudium,
     REMSCHMIDT, H.;           München, 1970
     PRINZ, H.

[5]  KÖPCKE, W.               Ein Programmsystem zur Unterstützung des
                                 Unterrichts in Biomathematik (Medizini-
                                 sche Statistik)

                                 EDV in Medizin und Biologie, 4, 1975,
                                 132 - 136

[6]  KÖPCKE, W.               Ein Programmsystem zur Unterstützung des
                                 Unterrichts in Biomathematik (Medizini-
                                 sche Statistik)

                                 Technischer Bericht Nr. 2 des Instituts
                                 für Medizinische Informationsverarbeitung,
                                 Statistik und Biomathematik, München, 1975

Datenerfassung in den Kliniken

H. SEIDEL

Das Rechenzentrum für den Fachbereich Medizin arbeitet weitgehend nach
dem Konzept der dezentralen Datenerfassung. Soweit möglich, werden die
Daten am Ort ihrer Entstehung auf maschinell verarbeitbaren Datenträgern
erfaßt. Damit wird die häufig auftretende Diskrepanz zwischen der zeitlichen Dauer der Datenbereitstellung und der Datenverarbeitung in vielen Fällen vermindert. Die Fachabteilung selbst kann die Schnelligkeit
der Datenbereitstellung bestimmen.

Das realisierte Erfassungssystem arbeitet nach vier Methoden:

Eingabe über

- Lochkarten,
- Lochstreifen,
- Tastatur mit Datensichtgerät und
- Klarschriftbelege.

Im folgenden soll jedoch nur auf den Einsatz des optischen Klarschrift-
lesers eingegangen werden.

## 1. Der optische Klarschriftleser

Beim Klarschriftleser handelt es sich um das Seiten-/Beleglesersystem,
Modell 959 von Control Data, mit einem Kernspeicher von 16 k-Worten,
2 Bandgeräten und einer Online-Korrektureinrichtung.

Als lesbare Zeichen sind zugelassen:

- die Maschinenschrift OCR-A (Erweiterung auf OCR-B möglich),
- Markierungen und
- 18 handschriftliche Zeichen.

Obwohl schwerpunktmäßig für die Primärdatenerfassung konzipiert, kann
selbstverständlich auch die sekundäre Datenerfassung über Schreibmaschine vorgenommen werden. Daneben dient der Leser als Backup-Eingabe
für die Dialogerfassung. Für die ca. 10 km vom RZM entfernten Innenstadtkliniken ersetzt der Leser in Verbindung mit Schreibmaschinen die

Dialog-Datenerfassung.

## 1.1 Schriftart OCR-A

Die Verwendung der Schrift OCR-A bedingt den Einsatz von Schreibmaschinen. Dabei haben Kugelkopfmaschinen den Vorteil, daß sie durch Austausch des Kopfes auch für Korrespondenzzwecke verwendet werden können. Als zweckmäßig haben sich die Zusatzeinrichtungen Stachelradführung für Endlosbelege und Korrektureinrichtung erwiesen. Fehlerquellen bei dieser Erfassungsmethode sind schlecht justierte Maschinen und unsachgemäß durchgeführte Korrekturen. Solche Fehlerquellen sind vor allem bei der Einführung des Systems aufgetreten. In der Routine sind diese Fehlerquellen bedeutungslos geworden (Fehlerrate: 1 falsches Zeichen bei $10^4$ bis $10^5$ erfaßten Zeichen).

Die Datenerfassung mit einer Schreibmaschine kann praktisch an jedem beliebigen Ort mit Stromanschluß durchgeführt werden. Eingesetzt wird diese Methode in der Patienten-Aufnahme (Abb. 1), -Entlassung und -Abrechnung, bei der Leistungserfassung, bei der Erfassung des Warenverkehrs in der Apotheke und im Lager. Zur Zeit sind 11 Erfassungsplätze mit OCR-A-Schreibmaschinen vorhanden.

0001 | 50 | 019698 |

**Aufnahmeblatt**
Änderung von Patientendaten

Verarbeitungsdaten

| Station/Steuerstelle | 05 | F5 | | Kostenstelle Station/Steuerstelle | 06 | 5111129 |
| Aufnahmeart | 07 | 2 | 1 = ambulant 2 = stationär 3 = konsil. 4 = P.-Arzt | Abrechnungsart/Gutachten | 09 | 01 |
| Aufnahme-Nummer | 10 | 0194373769 | | Verarbeitungsart Vorschuß DM | 12 | 1 |
| Datum | 13 | 1.1.76 | | Aufnahmezeit/Bearbeiter | 15 | 12.30 | SEI |
| Fam.-Name | 16 | TESTPATIENT | | Titel | 17 | |
| Vorname | 18 | TESTVORNAME | | Geburtsname | 19 | = |
| Geb.-Datum | 20 | 14.1.56 | | Geburtsort | 21 | MUENCHEN |
| Geschlecht | 22 | 1 | 1 = männlich 2 = weiblich | Staatsangehörigkeit/Familienstand | 24 | D | 2 |
| PLZ/Ort | 26 | 8 | MUENCHEN | Straße/Nr. | 27 | BLUMENSTR. 17 |
| EZ-Gebiet | 28 | 00 | | PK/I-Zahl | 30 | |
| Beruf | 31 | PROGRAMMIERER | | Religionsschlüssel / Religionsgemeinschaft | 33 | 1 |

Patient

Abb. 1: Formatierte Eingabe mit OCR-A Schrift (Ausschnitt)

Bei Verwendung von Universalbelegen, wenn also keine vorgedruckten Belege notwendig sind, können sehr rasch neue Bereiche in die Datenerfassung einbezogen werden. Ein Belegneudruck ist nicht notwendig, die Programmierung ist relativ einfach. Die Erfassung erfolgt auf diesen Universialbelegen formatfrei; eine formatierte Ausgabe wird mit Hilfe der bei der Eingabe eingestreuten Formatierungszeichen vom Leser erzeugt (Abb. 2).

```
31|50|6|
MUELLER HANS|9820962752|3.7.75|2|1|500,00|4|
&|&|1.8.75|&|&|&|&|
&|&|5.8.75|&|&|&|&|
HUBERMEYER FRIEDRICH WILHELM|982458X759|3.7.75|&|&|&|
&|&|1.8.75|&|&|&|&|
SCHMITT FRANZ|0130482756|4.8.75|6|1|588,30|&|
BAUER JOSEPHINE|0127490756|30.7.75|2|1|500,00|&|
```

Abb. 2: Formatfreie Eingabe mit OCR-A Schrift (Ausschnitt)

## 1.2 Markierungen

Eine sehr einfache Art Datenerfassung, die nahezu ohne vorherige Schulung eingesetzt werden kann, stellt die Markierung dar. Sie ist besonders geeignet bei Angaben, die sich auf Ja/Nein-Entscheidungen zurückführen lassen. Eingesetzt wird die Markierung z. Z. bei der Leistungserfassung und bei Prüfungen mit Multiple-Choice-Aufgaben (Abb. 3).

## 1.3 Handschrift

Als dritte Erfassungstechnik steht der Einsatz von Handschrift zur Verfügung. Zusammen mit der Markierungstechnik kann diese Methode an jedem beliebigen Arbeitsplatz Verwendung finden; das Erfassungsgerät besteht lediglich aus einem Bleistift und einem Radiergummi. Im Gegensatz zur Markierung muß aber bei der Handschrift auf eine relativ genaue Einhaltung der vorgegebenen Normen geachtet werden.

## 2. Patientenbezogene Primärdatenerfassung

Eine zentrale Bedeutung wird der Leser bei der patientenbezogenen Primärdatenerfassung erlangen. Als Beispiel für den Verwaltungsbereich sei hier die Einzelleistungserfassung angegeben.

Bei der Durchführung einer Leistung für einen Patienten, z.B. bei ein-

ner Untersuchung, fallen an 2 Stellen Daten an: auf den Stationen bzw.
in den Polikliniken, die die Leistungen anfordern und bei den ausführen-
den Leistungsstellen. In beiden Bereichen werden Daten erfaßt. Dieses
Problem wird mit maschinell lesbaren Umlaufbelegen gelöst. Natürlich
können bei der Leistungserfassung gleichzeitig auch weitere Verwal-
tungs- und medizinische Daten auf dem gleichen Beleg erfaßt werden (z.B.
Diagnosen), so daß diese Belege mehrere Funktionen übernehmen können.

0034|91|000661|            |            **Lösungsblatt für
MC-Arbeiten**

FACH: BIOMATHEMATIK            WS 75/76

TESTSTUDENT HUBERTUS                                    123456
Name, Vorname                                          Matrikelnummer

Dieser Bereich wird maschinell gelesen. Bitte nur so ▇ markieren
bzw. mit OCR-Schrift ausfüllen und sorgfältig behandeln!

123456|        123456123|        05|        E1|        1|
Matrikelnummer      I-Zahl              Schlüssel des    Gruppen-Nr.    Blatt-Nr.
                                        Faches

|            | Antwort |   |   |   |   |            |            | Antwort |   |   |   |   |
| Fragen-Nr. | A | B | C | D | E |            | Fragen-Nr. | A | B | C | D | E |
| 01 | ▇ | ⊠ | □ | □ | □ | □ |            | 21 | ▇ | ▇ | □ | □ | □ | □ |
| 02 | ▇ | □ | ⊠ | □ | □ | □ |            | 22 | ▇ | □ | ⊠ | □ | □ | □ |
| 03 | ▇ | □ | □ | ⊠ | □ | □ |            | 23 | ▇ | □ | □ | ⊠ | □ | □ |
| 04 | ▇ | □ | □ | □ | ▇ | □ |            | 24 | ▇ | □ | □ | □ | ⊠ | □ |
| 05 | ▇ | □ | □ | □ | □ | ⊠ |            | 25 | ▇ | □ | □ | □ | □ | ⊠ |
| 06 | ▇ | ⊠ | □ | □ | □ | □ |            | 26 | ▇ | □ | ⊠ | □ | □ | □ |

Abb. 3: Eingabe über Markierungen (Ausschnitt)

## 3. Maschinell lesbare Patientenidentifikation

Ein technisches Problem stellt die Datenerfassung auf den Stationen bzw.
in den Polikliniken dar. Hier sollen bereits maschinell lesbar die Patientenidentifikation und die Kostenstellenidentifikation auf den Belegen aufgebracht werden. Häufig wird dieses Problem mit Abdrucken von
Aluminiumfolien, in die Markierungen eingeprägt sind, gelöst.

Statt der Folien werden bei der hier realisierten Methode maschinell
lesbare Klebeetiketten erstellt. Sie enthalten den Namen und die An-
schrift des Patienten, Angaben über den Versicherten und die Versiche-

rung sowie über den Arbeitgeber. Die Patientenidentifikation und die Kostenstellennummer sind maschinell verarbeitbar in OCR-A Schrift auf den Etiketten enthalten (Abb. 4).

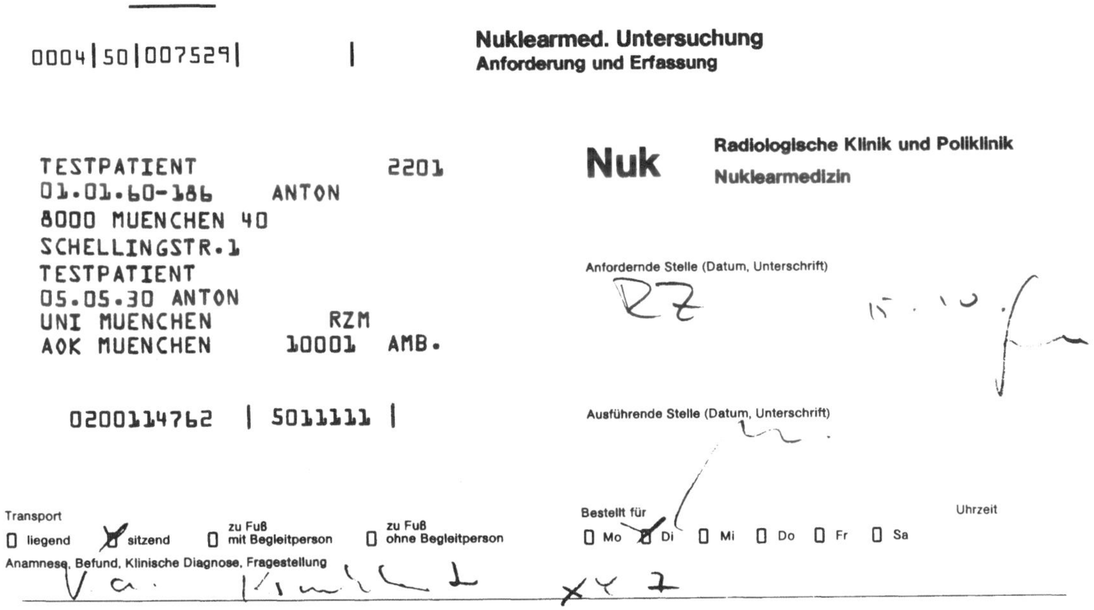

0004|50|007529| |

Nuklearmed. Untersuchung
Anforderung und Erfassung

TESTPATIENT 2201
01.01.60-186 ANTON
8000 MUENCHEN 40
SCHELLINGSTR.1
TESTPATIENT
05.05.30 ANTON
UNI MUENCHEN RZM
AOK MUENCHEN 10001 AMB.

0200114762 | 5011111 |

Nuk
Radiologische Klinik und Poliklinik
Nuklearmedizin

Anfordernde Stelle (Datum, Unterschrift)

Ausführende Stelle (Datum, Unterschrift)

Transport
liegend sitzend zu Fuß mit Begleitperson zu Fuß ohne Begleitperson

Bestellt für
Mo Di Mi Do Fr Sa

Uhrzeit

Anamnese, Befund, Klinische Diagnose, Fragestellung

Abb. 4: Maschinell lesbares Klebeetikett (Ausschnitt aus dem Beleg Nuk)

Die Etiketten können für alle Formulare verwendet werden (einschließlich der besonders in der ambulanten Versorgung benötigten Rezepte). Die Etiketten besitzen gegenüber den Aluminiumfolien den Vorteil des geringeren Platzbedarfes durch Wegfall der Markierungen. Investitionen für Abdruckvorrichtungen sind nicht notwendig, so daß die Etiketten jederzeit durch die "Plastikkarte" ersetzt werden können.

Die Etiketten sind seit über 1 Jahr im Einsatz und haben sich bewährt. Ca. 2 bis 3% der Belege werden vom Leser ausgesteuert, weil die Etiketten zu stark versetzt oder schief aufgebracht sind.

Trotz dieser positiven Ergebnisse werden die Etiketten als Zwischenlösung betrachtet. Für die Identifikation von Formularen wird der Einsatz der Plastikkarte angestrebt,sobald sich die technischen Voraussetzungen (preiswerte Abdruckvorrichtung und rechnergesteuerte Prägemaschine) bewährt haben. Leseversuche mit Abdrucken von Plastikkarten haben zu keinen Schwierigkeiten geführt.

Zusammenfassend kann gesagt werden, daß das Datenerfassungssystem über Klarschriftleser ein sehr flexibles dezentrales System darstellt. Erfassungsplätze können in beliebiger Anzahl an beliebigen Orten eingerichtet werden. Es entstehen keine Installationskosten, Leitungskosten oder Kosten für zusätzliche Puffer.

Der Leser wird für die Sekundärdatenerfassung eingesetzt, wo die Methode die Lochkarten ablöst, und für die Backup-Eingabe zur Dialogdatenerfassung. Besonders geeignet aber ist der Leser zum Einsatz in der Primärdatenerfassung. Dazu wurden für den Krankenhausbereich Alternativen für die maschinell verarbeitbare Patientenidentifikation auf Belegen getestet, eine davon wird in der Routine erfolgreich eingesetzt.

Neue Möglichkeiten von ISIS

H. SOMMER


## 1. Einleitung

Die Datenbankaufgaben in der Patientenverwaltung sowie in der Personalverwaltung im Klinikum Großhadern werden mit dem Datenbanksystem ISIS-
II [1] gelöst. ISIS-II ist eine Weiterentwicklung des Informationswie-
dergewinnungssystems ISIS-I [2], das von Siemens in Zusammenarbeit mit
dem Institut für medizinische Datenverarbeitung der Gesellschaft für
Strahlen- und Umweltforschung entwickelt wurde.

Das System ist seit 1970 im vielfachen Einsatz und als Informations-
wiedergewinnungssystem erprobt. Es gibt nicht nur Anwendungen im medizinischen Bereich, sondern auch Einsatzfälle in der Industrie. Das
Datenbankkonzept basiert auf der im Kern überarbeiteten Grundstruktur
von ISIS-I. Ziel dieser Überarbeitung war vor allem eine Verbesserung
der Ablaufgeschwindigkeit und der Ausbaufähigkeit in Form von Anschluß-
möglichkeiten zur Erweiterung des Funktionsumfanges. So konnte auch die
Grundstruktur um neue Komponenten erweitert werden, welche u.a. die
Forderungen am Klinikum Großhadern sowie die der bisherigen Anwendungen abdeckt.

Die Merkmale der Grundstruktur sind:
- Anwendungsneutralität
- Flexible Datenstruktur, gekennzeichnet durch multivariable Daten-
  formate,
- Invertierung zum schnellen Wiederauffinden von Daten und
- Mehrstufiger Zugriffsschutz zum Schutz gegen unberechtigten Zugriff.

Die Merkmale der erweiterten Grundstruktur sind:
- Multifilebehandlung zur Bearbeitung mehrerer Dateien gleichzeitig,
- Flexible Zielpunktlisten und
- Dateikopplung.

## 2. Grundstruktur

ISIS ist die Abkürzung für Index-Sequentielles-Informations-System. Damit ist angedeutet, daß es sich bei den verwendeten Dateien um ISAM-Dateien handelt.

Die wichtigsten Dateien einer ISIS-Datenbank sind:

1. die Datenbeschreibungsdatei,
2. die Hauptdatei und
3. die Verweisdatei.

Die Datenbeschreibungsdatei enthält alle Datenbeschreibungen als Mittel der Anwendungsneutralität. In der Datenbeschreibung werden die Eigenschaften einer Datenbank bis in die Feldebene beschrieben. Die Einträge haben Deklarations- und Funktions-Charakter. So wird z.B. die Funktion des Zugriffsschutzes über die Datenbeschreibung gesteuert.

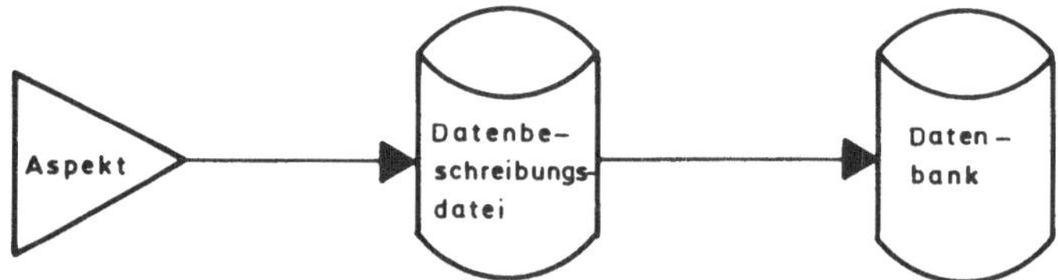


Abb. 1: Anwendungsneutralität. Über die Datenbeschreibungsdatei wird die Bedeutung eines Aspektes (Datenfeld) festgestellt, damit die diesen Aspekt betreffende Funktion ausgeführt werden kann.

In der Hauptdatei werden die Datensätze abgespeichert. Die Sätze unterliegen auf der untersten Zugriffsebene den Zugriffsmethoden des Datenverwaltungssystems des Betriebssystems BS 2000. Dementsprechend gibt es Sätze fester und variabler Länge.

Für viele Anwendungen ist dieses Datenformat nicht ausreichend, da es z.B. nicht open-ended ist. Ferner werden die Probleme der Multiplität, der gemischten Verarbeitung von formatierten und unformatierten Daten sowie der Datenkompression nicht berücksichtigt. Aus diesem Grunde wurde zusätzlich ein ISIS-spezielles Datenformat entwickelt, das diesen Punkten genügt.

Zur Hauptdatei kann eine Verweisdatei (Abbildung 2) angelegt werden, die als Inhaltsverzeichnis der Hauptdatei die schnelle Beantwortung von Suchfragen ermöglicht. Die Tatsache, daß jedes Datenfeld invertiert werden kann, ermöglicht nicht nur den schnellen einzelfallbezogenen Zugriff, sondern auch den schnellen qualifizierten Zugriff-, also den Zugriff zu Datengruppen. Die Struktur der Verweisdatei wurde so gewählt,

daß zu jeder beliebigen ISAM-Datei auch nachträglich eine Invertierung
vorgenommen werden kann. Das bedeutet z.B., daß zum Zeitpunkt der Er-
stellung der Hauptdatei noch keine Festlegung bezüglich Invertierung
notwendig ist. Die Invertierung kann also auch auf "ISIS-fremde" Dateien erfolgen.

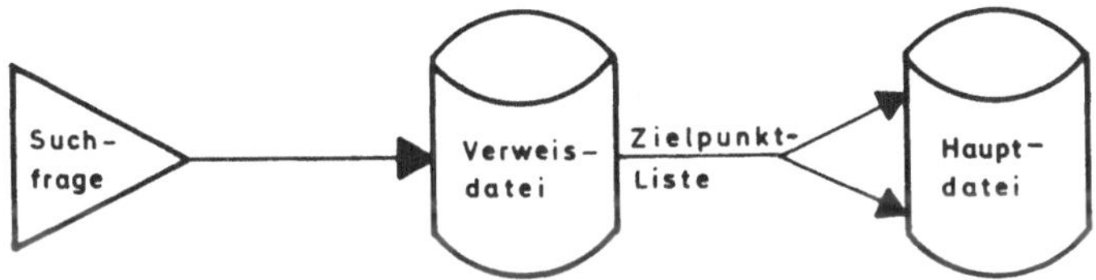


Abb. 2: Invertierung. Der invertierte Zugriff richtet sich zuerst an
        die Verweisdatei. Dabei wird eine Zielpunktliste erstellt, die
        alle Trefferadressen der Hauptdatei enthält.

Der Zugriffsschutz soll die mißbräuchliche Nutzung von Daten verhindern.
Aus diesem Grunde wurde ein mehrstufiges Passwortverfahren angelegt. Dabei werden die Schutzvorrichtungen des Betriebssystems mit denen des Datenbanksystems kombiniert. Über den ISIS-internen Stufen liegen die Stufen des Betriebssystems. Erst wenn diese Stufen passiert sind, werden
Datenbankpassworte verlangt. Das Datenbankpasswort beinhaltet die im-
plizite Ausführung der Open-Funktion. Dadurch sind die Namen der verwendeten Dateien dem Benutzer unbekannt und somit z.B. vor unerlaubten
Dumps geschützt. Die letzte Stufe findet auf Feldebene statt. An das
Passwort sind implizit oder explizit Felder gebunden, die verwendet
werden dürfen. Dabei kann nach der auszuführenden Funktion unterschieden werden. So können Felder für bestimmte Funktionen erlaubt, für andere verboten werden.

Eine wesentliche Erweiterung der Grundstruktur stellt die Multifilebehandlung dar, die es erlaubt, mehrere Dateien bzw. Datenbanken gleichzeitig zu bearbeiten. Unter anderem ist das die Voraussetzung für die
Dateikopplung.

Die Effizienz der Dateikopplung kann mit Hilfe flexibler Zielpunktlisten
verbessert werden. Eine Zielpunktliste enthält in geordneter Reihenfolge die Zielpunkte eines Datenkontingents. Sie ist in der Regel das Ergebnis einer Suchfrage. Die Listen sind so konstruiert, daß sie leicht
manipulierbar sind, und damit für weitere neue Möglichkeiten verwendet
werden können, wie
-   Simulation geklammerter Suchfragen,
-   Unterstützung des Teilhaberbetriebs sowie
-   Recherchenunterstützung.

Schließlich sei die bereits erwähnte Dateikopplung skizziert. Sie bietet die Möglichkeit, selbständige Datenbanken miteinander so zu verbinden, daß auf logische Datenbanksätze, die sich aus Sätzen der gekoppelten Dateien zusammensetzen, zugegriffen werden kann. Als Nebeneffekt kann durch geeignete Kopplung z.B. das Problem von Entschlüsselungen gelöst werden.


## 3. Funktionsübersicht

Sämtliche ISIS-Funktionen sind aktiv oder passiv ausführbar. Unter aktiver Anwendung versteht man die Ausführung von Funktionen ohne Vorschaltung von Benutzerprogrammen durch Formulierung der Aufträge in einer verbalen Kommandosprache, die im Dialog und im Nichtdialog anwendbar ist. Dagegen wird bei der passiven Anwendung ISIS von Benutzerprogrammen aufgerufen. Die Kommandos sind in Gruppen eingeteilt. Jede Gruppe wird in einem bestimmten Funktionsmodus abgearbeitet. Die Funktionsmodi sind weitestgehend koppelbar, d.h. je nach benötigtem Funktionsumfang können entsprechende Ablaufphasen generiert werden. Es gibt Funktionen im:

| | | |
|---|---|---|
| - Steuerungsmodus | * | Open |
| | * | Close |
| | * | Blättern |
| - Suchmodus | * | Einfache Suchfrage |
| | * | Verknüpfte Suchfrage<br>(UND, UND NICHT, ODER, EX.ODER) |
| | * | Bereichs-Suchfrage |
| | * | Erweiterte Suchfrage<br>(Wortteil, Extremwert, Synonym) |
| | * | Ignorieren |
| | * | Setzen sequentiell |
| - Zielpunktmodus | * | Sichern Zielpunktliste |
| | * | Aktivieren Zielpunktliste |
| | * | Freigeben Zielpunktliste |
| | * | Generieren Zielpunktliste |
| - SORT-Modus | * | Steigend |
| | * | Fallend |
| - GET-Modus | * | Hauptdatei<br>(Kapitel, Abschnitt, Feld) |
| | * | Verweisdatei<br>(VD-Satz) |
| | * | Bildschirm<br>(GET, PUT-GET) |

|   |   | * | DB-Datei |
|---|---|---|---|
|   |   |   | (Feldbeschreibung) |
| - | Ausgabe-Modus | * | Selektiv |
|   |   |   | (Tabellarisch, Zeilenw., Verteilungstafel) |
|   |   | * | Bildausgabe |
|   |   |   | (Frei, Transformiert) |
|   |   | * | Dateiausgabe |
|   |   |   | (Selektiv, Transformiert) |
| - | Update-Modus | * | PUT |
|   |   |   | (Kapitel, Abschnitt, Feld) |
|   |   | * | Ändern |
|   |   |   | (Kapitel, Abschnitt, Feld) |
|   |   | * | Löschen |
|   |   |   | (Kapitel, Abschnitt, Feld) |
|   |   | * | Erweitertes Update |
|   |   |   | (Eingabe Kapitel, Eingabe Abschnitt, Korri- gieren Kapitel) |
| - | Rechen-Modus | * | Tabellarisch |
|   |   |   | (Addieren, Subtrahieren, Multiplizieren, Dividieren) |
|   |   | * | Zeilenweise |
|   |   |   | (Addieren, Subtrahieren, Multiplizieren, Dividieren) |

## 4. Schlußbemerkungen

Mit der Realisierung des definierten Funktionsumfanges ist ISIS ein
vielseitig einsetzbares System im Rahmen von Teilnehmeraufgaben, die
typisch sind für das BS 2000, unter dem ISIS läuft. Das Datenbanksystem
wird sich auch weiterhin den Verbesserungen und Erweiterungen des Betriebssystems anpassen. So werden die zukünftigen Arbeiten sich vor
allem darauf konzentrieren, verbesserte Einbettungsmöglichkeiten an unterschiedliche Betriebsarten, wie z.B. an den Teilhaberbetrieb, zu
erreichen.

## Literatur


[1]    ISIS II-Datenbank- und Informationssystem
       Teil 1: Funktionsbeschreibung, Teil 2: Schnittstellenbeschreibung
       Siemens AG München

[2]    ISIS-Informationssystem für Dv-Anlagen mit virtuellem Speicher
       Teil 1: Beschreibung, Teil 2: Bedienungsanleitung
       Siemens AG München

Patientendatenbank in Routine

H. LINDNER


Die im Rechenzentrum des Fachbereichs Medizin geführte Patientendatenbank besteht aus der Aktuellen Datenbank und der Archivdatenbank. In
der Aktuellen Datenbank, dem Kurzzeitgedächtnis, sind von allen zur
Zeit in Behandlung befindlichen Patienten, d.h. im ambulanten, konsi-
liarärztlichen und/oder stationären Status, Stammsätze gespeichert. Außerdem sind in der Aktuellen Datenbank die bereits entlassenen, noch nicht
abgerechneten und noch nicht archivierten Patientensätze enthalten.

Im Patientenstammsatz sind neben der 12-stelligen eindeutigen Identifikationszahl die persönlichen Daten (Name, Vorname, Geburtsdatum, Wohnort), die verwaltungsbezogenen Daten (Versicherung, Arbeitgeber), Angaben über den einweisenden und den Hausarzt sowie die Station oder die
Steuerstelle im Klinikum zusammengefaßt. Während der Behandlung werden
Verlegungsmeldungen, Labordaten, abrechenbare Nebenleistungen und weitere abrechnungsspezifische Daten ergänzt. Nach Behandlungsende werden
im Patientenstammsatz das Entlassungsdatum, der Entlassungsgrund, die
Entlassungsdiagnose, das ärztliche Abschlußblatt mit Gefährdungsangaben und den medizinischen Diagnosen eingetragen. Die bei der Aufnahme
vergebene 10-stellige Behandlungs-  bzw. Aufnahmenummer identifiziert
den Patientenstammsatz eindeutig.

In der Archivdatei, dem Langzeitgedächtnis, sind von allen behandelten
Patienten mit dem Merkmal "entlassen" und "mikroverfilmt" sogenannte
Archivsätze angelegt. Diese Information ist auf die wesentlichen persönlichen und medizinischen Daten, z.B. Gefährdungsangaben reduziert,
weil die ständig wachsende Anzahl der Archivsätze im direkten Zugriff
bleiben sollen. Insbesondere die Frage "War der Patient schon hier in
Behandlung?" muß während der Aufnahme sehr schnell beantwortet werden.

Die Informationen des Archivsatzes sind in einen Primärsatz und einen
Sekundärsatz aufgeteilt:

| Primärsatz | Sekundärsatz |
|---|---|
| Aufnahmenummer | Aufnahmenummer |
| Identifikationszahl | Identifikationszahl |
| Gefährdungsangaben | Mikrofilmnummer |
| Persönliche Daten | Behandlungsspezifische |
| (reduziert) | Daten |

Im Primärsatz sind neben der I-Zahl die persönlichen Daten, die Gefährdungsangaben und die Aufnahmenummern der einzelnen Behandlungsfälle zusammengefaßt. Für jeden Behandlungsfall sind in einem Sekundärsatz die behandlungssspezifischen Angaben gespeichert. Diese Sätze sind völlig unabhängig und durch die eindeutige Aufnahmenummer gekennzeichnet.

Ist ein Patient in ambulanter Behandlung und muß aufgrund eines Unfalls z.B. stationär behandelt werden, existieren in der Aktuellen Datenbank zwei Patientenstammsätze mit verschiedenen Aufnahmenummern, die jedoch intern über die I-Zahl verknüpfbar sind.

Die Einstiegskriterien für die Aktuelle Datenbank sind Aufnahmenummer oder I-Zahl; für die Archivdatenbank ist die I-Zahl das Suchkriterium für den Primärsatz, die Aufnahmenummer das Suchkriterium für den Sekundärsatz. Der Zugang zu den Daten wird in der Abbildung 1 dargestellt.

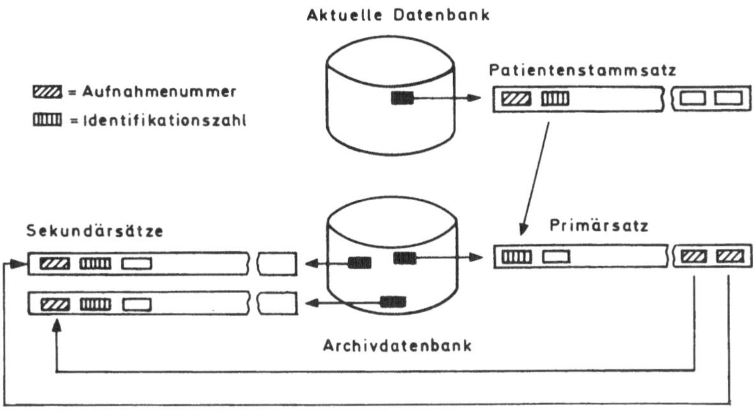


Abb. 1: Zugang zu den Patientendaten

Alle Informationen für einen Patienten findet man über die I-Zahl bzw. die Aufnahmenummer in der Aktuellen Datenbank. Von dort führt die I-Zahl in die Archivdatei. Dort findet man den Primärsatz mit den Aufnahmenummern zu Sekundärsätzen früherer Behandlungen. In jedem Sekundärsatz ist die I-Zahl gespeichert und bietet damit die Möglichkeit des direkten Übergangs in Richtung Aktuelle Datenbank.

Die aufgezeigte Struktur hat bei Auswertungen der Sekundärsätze der Archivdatenbank den Vorteil, daß einerseits diese Sekundärsätze völlig unabhängig bearbeitet werden können und andererseits sofort erkannt wird, welche Sekundärsätze zu einem Patienten gehören.

Die Patientendatenbank wird mit dem System ISIS II in aktiver und passiver Anwendung bearbeitet. Anfragen oder Auskünfte statistischer Art können im Dialog oder Batch erfolgen. Die Gewinnung von Informationen aus der Patientendatenbank im Batch sei hier am Beispiel demonstriert: Für die Verwaltung sollen alle von einer bestimmten Steuerstelle aufgenommenen Patienten während eines abgegrenzten Zeitraumes ausgewertet werden. Für diese Aufgabe werden in einer Datenbeschreibung nur die notwendigen Abschnitte und Felder angegeben und nur diese Informationen aus dem Patientenstammsatz extrahiert. Es werden damit auch z.B. keine medizinischen Daten zur Verfügung gestellt. Dieses Verfahren ist nicht nur unter dem Gesichtspunkt des Datenschutzes zu sehen, sondern auch unter dem Aspekt der schnelleren Verarbeitung bei geringerer Datenmenge.

Sehr häufig werden Fragen zu einem bestimmten Patienten gestellt. Diese Fragen können sofort im Dialog am Terminal mit sogenannten "ISIS-Kommandos" formuliert und beantwortet werden. Besonders häufig sind Anfragen über die Anzahl der Aufnahmen: ambulant oder stationär, insgesamt oder bezogen auf einen bestimmten Zeitraum und/oder auf eine bestimmte Station oder ähnliche Fragestellungen.

Fragen dieses Typs sind sehr schnell zu beantworten, da beim Aufbau der Datenbank wichtige Felder als invertierte Begriffe klassifiziert wurden. Solche invertierten Felder werden in einem "Inhaltsverzeichnis", der sogenannten Verweisdatei, verwaltet und sind jederzeit auf dem aktuellen Stand. Für spezielle Fragestellungen ist es möglich, eine weitere Verweisdatei mit anderen invertierten Feldern als den üblichen (Aufnahmeart, Aufnahmedatum, Abrechnung, Entlassungskennzeichen, die Grund-I-Zahl und die Aufnahmenummer) zu generieren und einzusetzen. Eine Änderung aufgrund von anderen Bedingungen ist jederzeit möglich.

Die Patientendatenbank in einem Klinikum muß immer den aktuellen Stand widerspiegeln. Das bedeutet: sofortiges Verarbeiten gemeldeter Vorgänge, z.B. Aufnahmen, Korrekturen, Verlegungen. Dabei muß berücksichtigt werden, daß abhängige Funktionen in zeitlich verschobener Reihenfolge gemeldet werden, oder Mitteilungen eine sogenannte Transaktion

auslösen. Beispielsweise wird bei einer Verlegung veranlaßt, daß neue
Etiketten gedruckt werden.

Dieses Arbeiten im "Update-Modus" ist von verschiedenen Programmkomplexen
aus notwendig, wie etwa Aufnahme, Verlegung, Abrechnung, Archivierung
und Labor und muß deshalb koordiniert werden. Am Anfang reicht eine zeitliche Abstimmung der einzelnen Verarbeitungsschritte zur Koordinierung
noch aus. Mit Übernahme weiterer Probleme wächst dieser Komplex so, daß
er auf andere Art und Weise gelöst werden muß. Wir wenden dafür folgende Methode an: jedes Programm, das ein Feld bzw. Abschnitt in einem Da-
tenbanksatz ändern oder einfügen will, formuliert diesen Auftrag mit
den Angaben für die ISIS-Funktionen und setzt diesen Auftrag in einer
sogenannten Warteschlange ab. Von einem Zentralen Update Programm werden die Sätze bzw. Aufträge dieser Warteschlange gelesen und die Änderungen tatsächlich durchgeführt. Es ist mit diesem Verfahren möglich,
daß mehrere Programme Aufträge in der Warteschlange absetzen, wobei
auch Prioritäten berücksichtigt werden können und das Update-Programm
entsprechend dieser Prioritäten die Warteschlange abarbeitet. Eine
Kellerung schon gelesener Aufträge der Warteschlange ist ebenfalls möglich und stellt damit bei eventuellen Zusammenbrüchen eine Rekonstruk-
tionshilfe dar.

An einem Beispiel sei das Update-Verfahren erläutert (Abb. 2).

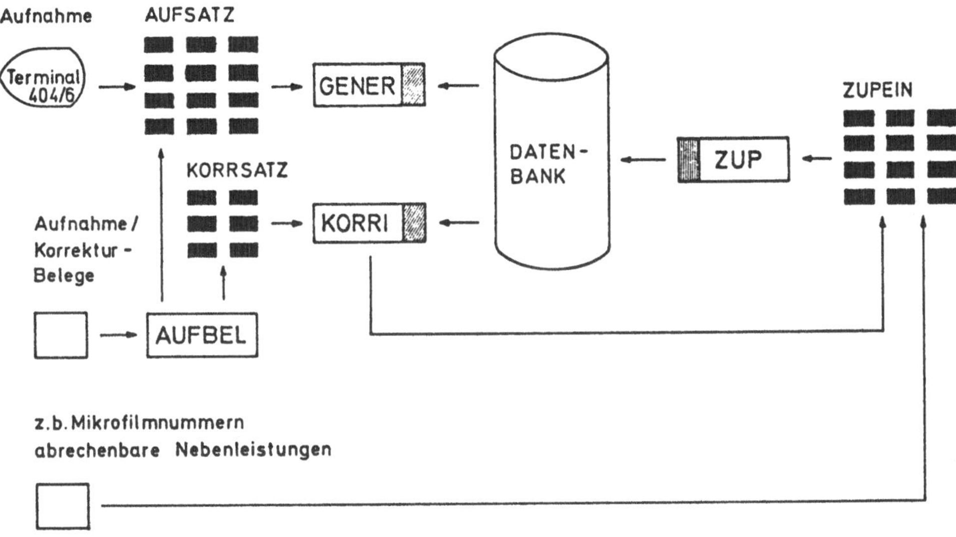


Abb. 2: Datenbank-Update

Alle Informationen für Korrekturen und Aufnahmen werden nach Plausibilitätskontrollen in die Warteschlange KORRSATZ oder AUFSATZ geschrieben. Das Programm GENER liest die Sätze der Warteschlange AUFSATZ, prüft, ob die Aufnahmenummer schon in der Datenbank ist und weist sie - falls vorhanden - ab bzw. schreibt einen Auftrag in die Warteschlange ZUPEIN. Das Programm KORRI liest die Warteschlange KORRSATZ, führt eine Kontrolle durch, ob die Korrekturangabe möglich ist und gibt ebenfalls einen Auftrag an die Warteschlange ZUPEIN. Beide Programme haben jeweils lesenden Zugriff zur Datenbank, der schreibende Eintrag läuft nur über eine zentrale Stelle, das Programm ZUP. Dort werden ebenso auch die Aufträge von Kostensicherungsmitteilungen, Nebenleistungen usw. abgearbeitet.

Obwohl die Routinearbeiten mit der Patientendatenbank sehr unproblematisch aussehen, stellt sich in der Praxis allein schon die Überwachung und Kontrolle als sehr arbeitsintensiv heraus. Wir haben folgende Abläufe:

Aufnahmen, Korrekturen, Verlegungen, Wahlleistungen und Etikettenanforderungen werden dreimal am Tag abgearbeitet. Die Mitternachtsstatistik läuft morgens nach dem ersten Update. Abhängig von den einzelnen zeitlichen Perioden werden der Abrechnungslauf für stationäre Patienten, der Quittungslauf für Archivierungsmeldungen, Überprüfung der Leistungsbelege Röntgen sowie statistische Arbeiten am Monatsende durchgeführt. Simultan dazu, d.h. on-line besteht immer der lesende Zugriff der Patientenaufnahme über den Vorrechner mit der Frage "Kennen wir diesen Patienten?".

Änderungen an der Aktuellen Datenbank von grundlegender Bedeutung sind mit ISIS durchführbar. So wurde z.B. ein völlig anderes Kostenstellenverzeichnis eingeführt und die Struktur aller Datumsangaben auf "Jahreszahl-Monat-Tag" geändert, einige Felder, wie der externe Klinikschlüssel, ergänzt und das Feld "Einweisungsdiagnose" gestrichen. Bei diesem Feld traten nur 8% relevante Angaben auf. Die Texte "nicht ansprechbar" oder "Patient kam mit Hubschrauber" waren nicht für dieses Feld, sondern wohl mehr für das Feld "Bemerkung" gedacht. Natürlich werden solche Änderungen jeweils abgestimmt, in diesem Fall mit der Ärztlichen Direktion. An diesen Beispielen kann man erkennen, daß ISIS in der Lage ist, auch das schwierige Problem struktureller oder inhaltlicher Änderungen der Patientendatenbank zu lösen.

Das Patientenaufnahmesystem

B. MEYER-BENDER

## 1.   Einleitung

Es ist eine bekannte Tatsache, daß die Datenerfassung bei der Einführung eines DV-Systems eine zentrale Rolle spielt - ja, daß ein Projekt
an mangelnden Möglichkeiten oder sorgloser Planung in dieser Frage
scheitern kann. Es verwundert deshalb nicht, daß die Patientenaufnahme
- als Basiserfassung für jede personenbezogene Verarbeitung verwaltungs-
technischer oder ärztlicher Art - seit jeher besondere Aufmerksamkeit
erfahren hat. Vor allem wird angestrebt, alle notwendigen Daten auf einmal und unmittelbar beim ersten Kontakt mit dem Patienten einzuholen,
um personalintensive, nachträgliche Datenermittlung auf ein Minimum zu
beschränken.

Wer aber die Patientenaufnahme lediglich unter dem Aspekt der Datenerfassung sehen wollte, würde auf die Nutzung zahlreicher Möglichkeiten
verzichten, die eine gute Aufnahmeorganisation bietet. Es sind dies besonders folgende Funktionen, die in einem Arbeitsgang bewältigt werden
können:

-    Vergabe einer eindeutigen Aufnahme- oder Behandlungsnummer
Diese Nummer ist in einem modernen, hochtechnisierten Krankenhaus nötig
und sollte durch Prüfziffern Fehlzuordnungen möglichst unwahrscheinlich
machen. Ist ein Patient nicht identifizierbar, so sind die Vergabe ein-
ner Aufnahmenummer und das Anlegen des zugehörigen Datensatzes die ein-
zig durchführbaren Funktionen.

-    Identifikation und - im Fall wiederholter Behandlung - Wiederauf-
     finden früherer Krankengeschichten
Dies ist eine Funktion, die nur im Online-Verfahren und auf dem Hintergrund eines langfristig im Direktzugriff zu haltenden Archivbestands
durchführbar ist, dann aber großen Gewinn verspricht.

-    Festlegen des Archivierungsmerkmals
Dieses Merkmal ist gleichzeitig Voraussetzung und Ergebnis des letzten

Punktes.

\-   Erfassen nicht bereits bekannter oder veränderter Patientendaten
Hierzu gehören alle erfaßbaren Verwaltungsdaten und viele auch oder gerade ärztlich relevante Informationen.

\-   Erstellen von Arbeitsunterlagen und Organisationshilfen
Es handelt sich im einfachsten Fall um ein Aufnahmeblatt, das auch als
klinischer Krankenblattkopf verwendbar ist, und um einen Identifkations-
träger, mit dem Akten, Formulare und vieles andere gekennzeichnet werden.

\-   Anlegen eines Datensatzes im aktuellen Bestand.

## 2.   Die Online-Aufnahme für Großhadern

### 2.1 Normalbetrieb

Die Aufnahme an den dezentral angeordneten Aufnahmestellen des Rechenzentrums für den Fachbereich Medizin wird im wesentlichen von einem Vorrechner übernommen.

Der Aufnahmevorgang läuft im Normalfall nach dem vereinfachten Diagramm
in Abbildung 1 ab:

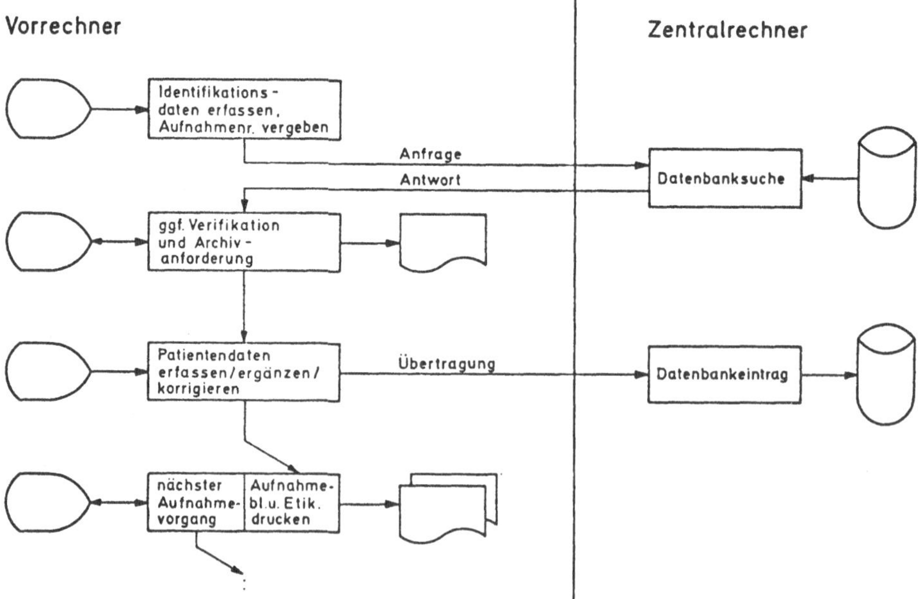


Abb. 1: Patientenaufnahme - Normalfall

\-   Zunächst wird aus Geburtsdatum, Geburtsnamen und Geschlecht ein
Identifikationsmerkmal, das wir "Grund-I-Zahl" (siehe Abb. 3) nennen,
im Vorrechner gebildet und dem Zentralrechner mitgeteilt; gleichzeitig

wird eine eindeutige Aufnahmenummer vergeben.

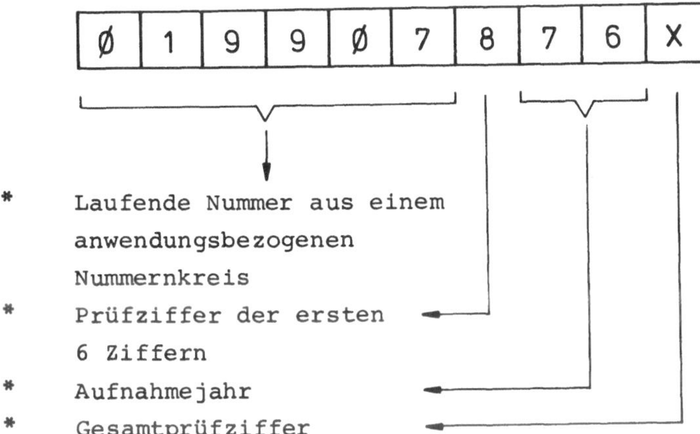



Abb. 2: Aufnahmenummer

- Der Zentralrechner sucht in seinen Beständen Personen mit gleicher Grund-I-Zahl (die definitionsgemäß nicht eindeutig sein kann, aber doch eine hohe Selektivität besitzt) und meldet dem Vorrechner das Ergebnis.

- Sind Personen gleicher Grund-I-Zahl bekannt, werden ihre Daten nun am Aufnahmeplatz in Form ausgefüllter Bildschirmformulare angeboten. Diese Bilder können im Fall der Übereinstimmung akzeptiert werden, oder so lange abgewiesen werden, bis der Vorrat erschöpft ist. Es wird Wert daraufgelegt, daß der Patient bei diesem Vorgang, den wir "Verifikation" nennen, aktiv beteiligt ist, da im Zweifelsfall Kriterien, wie ein früherer Wohnort, für die Richtigkeit ausschlaggebend sein können, und das Risiko einer Fehlzuordnung so klein wie irgend möglich gehalten werden soll. Diese Verifikation ist auch die Grundlage für das Feststellen des Archivierungsmerkmals, das wir "I-Zahl" nennen; sie besteht aus der bereits erwähnten Grund-I-Zahl, einer laufenden Nummer und einer Prüfziffer (Abb. 3). Im Fall positiver Verifikation wird die bereits vorhandene laufende Nummer übernommen, andernfalls die nächste freie vergeben. Bei positiver Verifikation wird schließlich der Krankenakt mit der Angabe der aufnehmenden Stelle im Archiv angefordert.

- Unabhängig vom Ausgang der Datenbanksuche und der Verifikation werden die restlichen Patientendaten nun erfaßt - bzw. kontrolliert, korrigiert und ergänzt - und zum Zentralrechner übertragen.

- Schließlich werden Aufnahmeblatt und Identifikationsträger im Bereich des Aufnahmeplatzes ausgedruckt. Als Identifikationsträger verwendet Großhadern aus verschiedenen Gründen Klebeetiketten. Diese sind

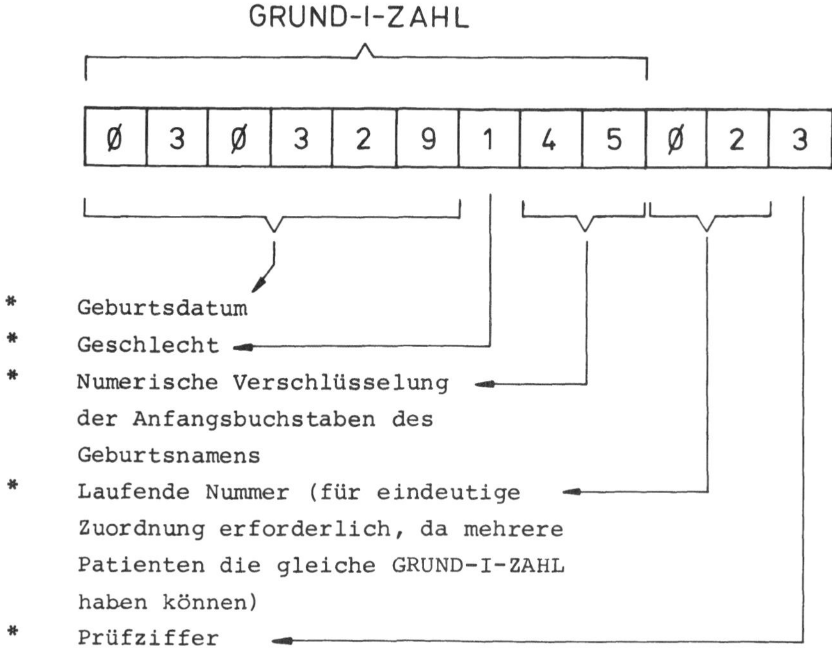


* Geburtsdatum
* Geschlecht
* Numerische Verschlüsselung
  der Anfangsbuchstaben des
  Geburtsnamens
* Laufende Nummer (für eindeutige
  Zuordnung erforderlich, da mehrere
  Patienten die gleiche GRUND-I-ZAHL
  haben können)
* Prüfziffer

Abb. 3: Identifikationszahl

mit OCR-A-Schrift versehen und somit maschinell lesbar, wenn sie auf
Formblättern an das Rechenzentrum zurückfließen. Der Aufnahmeplatz ist
bereits während des Druckens für die nächste Aufnahme wieder frei.

## 2.2 Einschränkungen, Störverhalten

Um nicht den durchaus falschen Eindruck zu erwecken, das RZM habe hier
eine glatte und problemlose Lösung gefunden, soll nicht verschwiegen
werden, daß der Druckvorgang den "neuralgischen Punkt" dieser Prozedur
darstellt. Dies liegt einmal an der Mechanik der Geräte und an der Tatsache, daß sie "vor Ort" von angelernten Kräften bedient werden müssen,
zum anderen in der benötigten Anzahl Etiketten, die - im Rahmen der
Druckgeschwindigkeit - zu empfindlichen Engpässen geführt hat. Das RZM
sah sich gezwungen, ein komplexes System zur Abhilfe zu schaffen. Dies
ist einmal in der Lage, die Druckausgabe im Störungs- oder Überlastungs-
fall an die Drucker einer anderen der dezentral angeordneten Aufnahmestellen umzuleiten (von wo aus sie mit der Rohrpost an den eigentlichen
Bestimmungsort gelangen), und sieht ferner vor, daß die Anzahl gedruck-
ter Etiketten durch die Angabe der aufnehmenden Station oder Poliklinik
gesteuert wird, um nicht immer die Maximalanzahl zu erstellen.

Nun erhebt sich die Frage, was geschieht, wenn die Rechner gestört oder nicht in Betrieb sind. Es sind dann zwei Fälle zu unterscheiden:

- nur der Zentralrechner ist nicht betriebsbereit,
- der Vorrechner selbst ist nicht verfügbar.

Im ersten Fall stellt Abbildung 4 die veränderte Funktion dar.

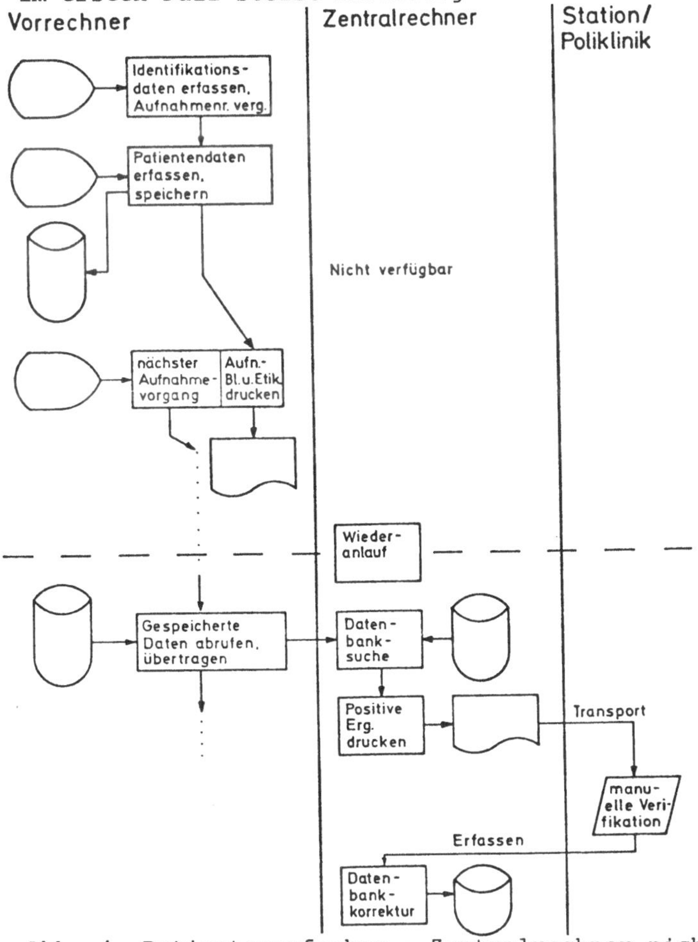

Abb. 4: Patientenaufnahme - Zentralrechner nicht betriebsbereit

Im oberen Teil fehlen zwar Datenbanksuche, Verifikation und Datenbankeintrag; aus der Sicht der Aufnahmekraft hat sich jedoch fast nichts geändert. Sie wundert sich höchstens, daß zeitweise so wenige bekannte Patienten erscheinen. Nach dem Wiederanlauf des Zentralrechners ergibt sich aber ein völlig andersartiges Verhalten. Die auf dem Plattenspeicher des Vorrechners zwischengespeicherten Daten werden zum Zentralrechner übertragen und lösen dort eine Datenbanksuche aus. Fälle, in denen die Grund-I-Zahl mit früheren Aufnahmen übereinstimmt, werden

getrennt nach aufnehmender Stelle protokolliert und getreu dem Prinzip,
daß der Patient bei der Verifikation mitwirken soll, zur nachträglichen
manuellen Verifikation dorthin geleitet. Im Übereinstimmungsfall wird
nach einem Erfassungsvorgang eine automatische Datenbank-Korrektur (einschließlich I-Zahl) durchgeführt.

Ist der Vorrechner selbst nicht verfügbar (Abb. 5),

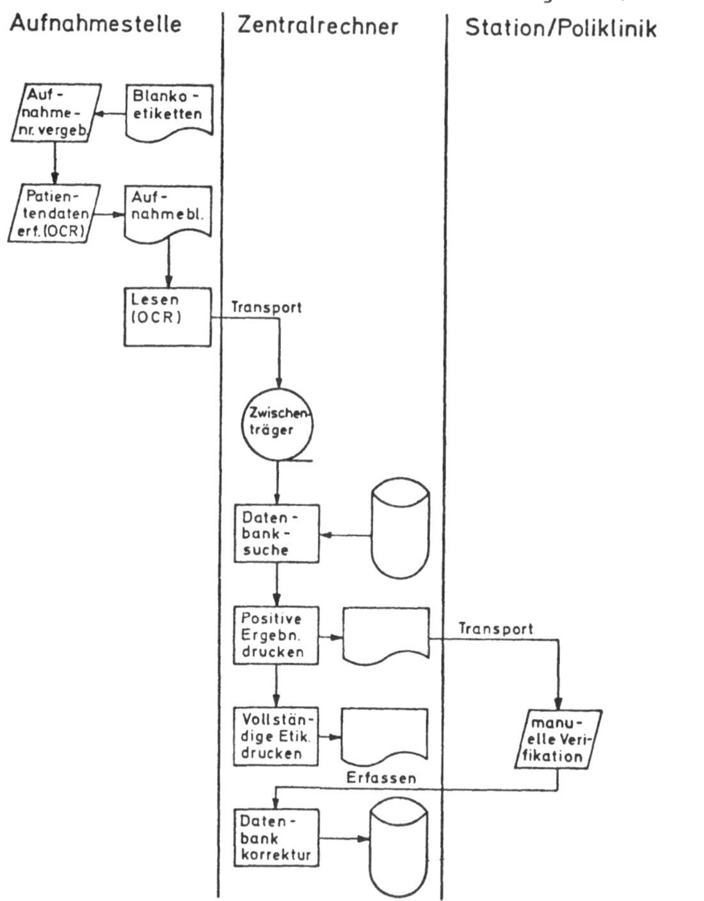


Abb. 5: Patientenaufnahme - Vorrechner nicht betriebsbereit

ändert sich der obere Teil des Bildes entscheidend. Das Hauptproblem
besteht darin, daß die Aufnahmenummer nicht mehr vom Rechner vergeben
werden kann. Es wird deshalb an jeder Aufnahmestelle ein Vorrat von sogenannten "Blankoetiketten" gehalten, die nur mit einer Aufnahmenummer
aus einem getrennt zu pflegenden Sondernummernkreis bedruckt sind. Mit
der Zuteilung dieser Blankoetiketten wird eine gültige Aufnahmenummer
vergeben. Diese wird dann mit den anderen Patientendaten mit einer
Schreibmaschine in OCR-Schrift ins Aufnahmeblatt eingetragen, das im
Rechenzentrum anschließend über den Belegleser erfaßt und in den Zen-

tralrechner übertragen wird. Von hier verläuft der Vorgang wie nach dem
Wiederanlauf des Zentralrechners, nur werden zusätzlich vollständige
Etiketten gedruckt. Es ist zu betonen, daß die Patientendaten auch in
diesem "Notfall" nur einmal erfaßt werden.

## 3. Die Offline-Aufnahme für die Innenstadtkliniken

Bisher ist nur vom Klinikum Großhadern die Rede gewesen und das Auf-
nahmesystem wurde auch tatsächlich für den Einsatz in diesem Klinikum
konzipiert. Das Aufgabenspektrum des RZM umfaßt aber den ganzen Fachbereich Medizin der Ludwig-Maximilians-Universität, also auch die
Innenstadtkliniken. An eine Online-Aufnahme im Innenstadtbereich kann
aus verschiedenen Gründen nur mittelfristig gedacht werden, so daß
andere Methoden eingesetzt werden müssen. Es zeigt sich aber sofort, daß
das geschilderte Notverfahren für den Ausfall des Vorrechners - als Off-
line-Aufnahme aufgewertet - die geforderte Leistung erbringen kann. Der
einzige wesentliche Unterschied besteht darin, daß die Aufnahmenummer
nicht mit Hilfe der im Innenstadtbereich ungebräuchlichen Etiketten,
sondern aus vom RZM vorgedruckten Aufnahmebüchern vergeben wird.

## 4. Nachwort

Einige Funktionen, die am Rande stehen, aber aus DV-Sicht alles andere
als trivial sind, seien nur kurz erwähnt. Es sind z. B. Programme entwickelt worden:

-    zur Korrektur oder Stornierung fehlerhafter Daten,
-    zum Etikettennachschub und
-    zur Pflege der Sondernummernkreise.

Das Programmsystem "Patientenaufnahme" wurde zusammen mit der Patientenverwaltung des Hauses konzipiert und zusammen mit den Herren GUNKA (Fa.
SIEMENS), LANDERSDORFER und SCHRAG programmiert.

Es existieren in der Bundesrepublik eine erhebliche Anzahl von Systemen
mit Patientenaufnahmen durch eine Datenverarbeitungsanlage. Wenn wir uns
entschlossen haben, eine weitere Lösung selbst zu implementieren, an-
statt eine bereits gegebene zu übernehmen, so deshalb, weil dies der
erste uns bekannte Versuch ist, einen Vorrechner für die Aufnahmefunk-
tion selbst zu benutzen, und eine Rechnerkopplung einzusetzen, um den
Direktzugriff zu den Patienten-Datenbanken auf dem Zentralrechner einzusetzen. Wir sind der Meinung, daß dies ein effizientes Prinzip ist,
und glauben, eine ausgewogene Lösung erreicht zu haben.

Patientenverwaltung

H.D. SCHALLER, W. DAXBERGER, C.H. HEMPEN

## 1. Aufgaben der Patientenverwaltung

Das Rechenzentrum für den Fachbreich Medizin (RZM) unterstützt die Patientenverwaltung im Klinikum Großhadern und z. T. in der Innenstadt derzeit in folgenden Funktionen:

- die Verlegung und Entlassung jedes Patienten werden erfaßt und in der Datenbank gespeichert,
- über sämtliche stationäre Patienten werden Mitternachts-, Monats- und Jahresstatistiken erstellt,
- für die stationären Patienten wird die Abrechnung im wöchentlichen Turnus durchgeführt,
- das Krankenblattarchiv wird mit einem Mahnsystem unterstützt,
- nach Abrechnung und Mikroverfilmung erfolgt ein Eintrag in der Archivdatenbank,
- die Telefoneinheiten für Patienten und Personal werden maschinell erfaßt und die Gebühren errechnet.

## 2. Verlegung/Entlassung

Jede Verlegung oder Entlassung eines Patienten wird über einen Meldebogen von der Station (oder Poliklinik) der Patientenverwaltung mitgeteilt (Abb. 1).

Es erfolgt die Eingabe über Datensichtgerät oder alternativ dazu über Belegleser. Nach erfolgtem Update in der Datenbank wird im Falle der Verlegung der Etikettendruck mit der neuen Stationsnummer angestoßen und die Laborbenachrichtigung erstellt. Die Patientenverwaltung erhält Listen über alle Verlegungen und Entlassungen eines Tages. Im Entlassungsfall werden die Austrittsbescheinigungen an die Krankenkassen geschrieben.

## 3. Statistiken

Das RZM erstellt täglich eine Mitternachtsstatistik aufgrund der in der Datenbank gespeicherten Daten (Abb. 2). Es ist nun Aufgabe der Stationsschwester, diese Angaben mit dem tatsächlichen Stand auf der Station zu

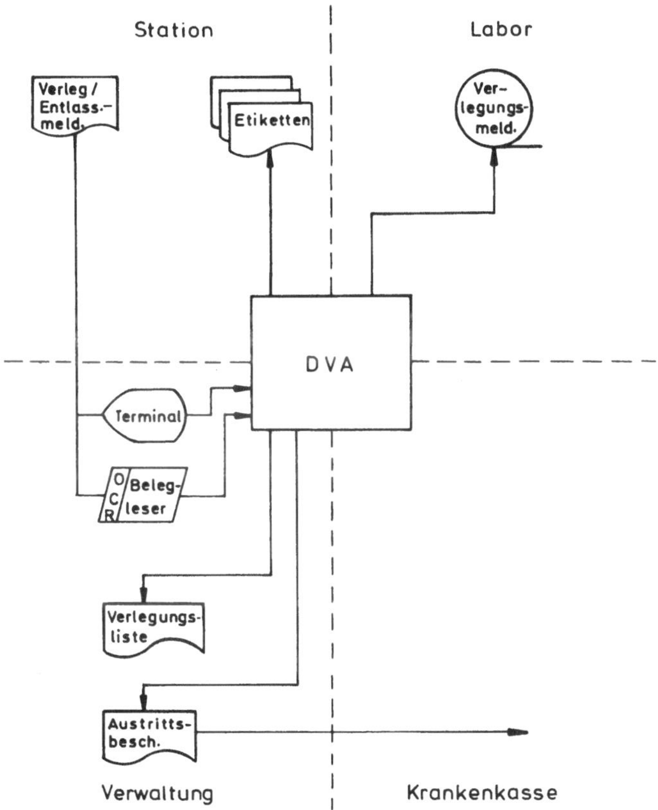



Abb. 1: Verlegung/Entlassung

vergleichen und gegebenenfalls der Patientenverwaltung die Abweichungen
mitzuteilen. Das tägliche Ausfüllen der Mitternachtszetteln entfällt
somit für die Stationsschwester. Bei gewissenhafter Kontrolle auf der
Station gewährleistet dieses Verfahren, daß die Anzahl fehlerhafter Be-
wegungsdaten in der Datenbank gering bleibt.

Ferner erfolgt monatlich bzw. jährlich eine Auswertung der wichtigsten
statistischen Daten nach:

-    Station,
-    Klinik und
-    gesamtes Klinikum.

Die von der DV erstellten Monats- bzw. Jahresstatistiken (Abb. 3) bringen
der Patientenverwaltung eine erhebliche Arbeitserleichterung, da in ihnen
alle wichtigen Informationen enthalten sind, um z. B. das Selbstkosten-
blatt zu erstellen. Gleichzeitig liefert sie der Direktion Management-

```
TAGESMELDUNG VOM: 12.02.76                    STAND : 24.00 UHR
STATION      : G 8 NRO                        KLINIK: NEUROLOG.KLINIK
```

| RAUM | ART | NAME | PAT-NR | GEB-DATUM | NEU | ZUVERLEGT | ABVERLEGT | ENTL | GEST | WAHLLEISTUNG | LIEGEZEIT |
|---|---|---|---|---|---|---|---|---|---|---|---|
|  | M | APFELHUBER DEGENHARD | 0210583761 | 16.01.1931 | X | DERMATOLOG.KLIN |  |  |  |  | 1.TAG |
|  | F | AUMEISTER SOPHIE | 0199151766 | 17.08.1949 |  |  |  |  | X | 2-BETT-ZI. DUSCHE/BAD | 13.TAG |
|  | F | KUERBIS THEA | 0210164768 | 24.03.1915 |  |  |  |  |  |  | 2.TAG |
|  | F | MEIER ANNA | 019644976X | 05.07.1933 |  |  |  |  |  |  | 29.TAG |
|  | M | MESSERSCHARF ERICH | 0205814763 | 02.02.1941 |  |  |  |  | X |  | 10.TAG |
|  | F | MOOSBAUER OLGA | 021083X762 | 20.09.1912 | X | CHIR.KLINIK.MUE |  |  |  |  | 1.TAG |
|  | F | MORGENSTERN HELGA | 0197683765 | 05.02.1940 |  |  |  |  |  | TELEFON | 25.TAG |
|  | M | PFISTER FRIEDRICH | 019392X761 | 30.12.1923 |  |  |  |  |  | TELEFON | 32.TAG |
|  | F | VOGEL GERTRUD | 0193867769 | 18.12.1952 |  |  |  |  |  | TELEFON | 32.TAG |
| 00001 | F | BUTTERWEICH EDDA | 0206137765 | 14.06.1939 |  |  |  |  |  | TELEFON | 9.TAG |
| 00001 | F | EISENFLECHTER URSULA | 9801803760 | 13.09.1924 |  |  |  |  |  |  | 2.TAG |
| 00001 | M | KELLERBAUER WERNER | 9802629762 | 04.03.1934 |  |  |  |  |  | TELEFON | 4.TAG |
| 00001 | M | SCHWARZ JOACHIM | 9802849766 | 01.02.1934 |  | G 0 |  |  |  |  | 1.TAG |

| ENDBESTAND | NEUAUF | ZUVERL | ABVERL | ENTLAS | STERBF | BETTBELEG | VORMLD |
|---|---|---|---|---|---|---|---|
| MAENNER : | 1 | 1 |  | 1 |  | 4 |  |
| FRAUEN : | 1 | 1 |  | 1 |  | 7 |  |
| KINDER : |  |  |  |  |  |  |  |
| SAEUGLINGE : |  |  |  |  |  |  |  |
| INSGESAMT : | 2 | 1 |  | 2 |  | 11 |  |

```
GESAMT-BETTENANZAHL:    32

BELEGTE BETTEN      :    11          BITTE ZUR  P T V
RESERVIERTE BETTEN  :                ZURUECKSENDEN
FREIE BETTEN        :                FUER D. RICHTIGKEIT:
NOTBETTEN           :

                                     ......................
                                     (STATIONS-SCHWESTER)
```

Abb. 2: Mitternachtsstatistik

```
MONATSMELDUNG VOM: 01.01.76 - 31.01.76        KLINIKUM FREIE NATUR : FELD-WALD-WIESEN-KLINIK

                                              PLANBETTEN           :  385
```

|  | ERWACHSENE | | | | KINDER | | | | SAEUGLINGE | | |
|---|---|---|---|---|---|---|---|---|---|---|---|
|  | M * | M ** | F * | F ** | M * | M ** | F * | F ** | M | F | INSGES |
| ZUGAENGE |  |  |  |  |  |  |  |  |  |  |  |
| NEUAUFN.AUS UNIKLINIKEN |  |  |  |  |  |  |  |  |  |  |  |
| NEUAUFN.AUS AND.KRHSRN. | 95 | 16 | 57 | 10 | 8 |  | 4 |  | 1 | 1 | 192 |
| DIREKTEINWEISUNGEN | 208 | 25 | 175 | 31 | 1 |  | 3 |  |  |  | 443 |
| ZUVERL.INH.D.KLINIKUMS | 141 | 15 | 100 | 4 | 1 |  | 3 |  |  | 2 | 266 |
| DAVON KLINIKWECHSEL | 61 | 4 | 44 | 1 |  |  |  |  |  |  | 110 |
| GEBURTEN (GESUND) | --- |  | --- |  | --- |  | --- |  |  |  |  |
| (KRANK) | --- |  | --- |  | --- |  | --- |  |  |  |  |
| ABGAENGE |  |  |  |  |  |  |  |  |  |  |  |
| ABVERL.NACH UNIKLINIKEN | 15 | 1 | 17 | 2 | 1 |  | 1 |  |  |  | 36 |
| ABVERL.NACH AND.KRHSRN. | 30 | 7 | 29 | 5 | 4 |  | 1 |  | 1 |  | 77 |
| ENTLASSUNGEN | 216 | 35 | 185 | 28 | 2 |  | 3 |  |  |  | 469 |
| STERBEFAELLE | 19 | 1 | 2 |  |  |  | 1 |  |  |  | 23 |
| ABVERL.INH.D.KLINIKUMS | 147 | 14 | 99 | 5 | 1 |  | 3 |  |  | 2 | 271 |
| DAVON KLINIKWECHSEL | 65 | 3 | 43 | 2 |  |  |  |  |  |  | 113 |
| EINTAGSPATIENTEN | 24 | 1 | 11 | 1 |  |  |  |  |  |  | 37 |
| SOLLPFLEGETAGE (TAGE) | --- |  | --- |  | --- |  | --- |  | --- |  | 11820 |
| ISTPFLEGETAGE (TAGE) | 5011 | 442 | 4825 | 471 | 711 |  | 751 |  | 61 | 18 | 10919 |
| DAVON 1-BETT-ZI(WAHLL.) |  | 108 | 4 | 40 |  |  |  |  |  |  | 152 |
| 2-BETT-ZI(WAHLL.) | 211 | 334 |  | 431 |  |  |  |  |  |  | 786 |
| NEUGEBORENE | --- |  | --- |  | --- |  | --- |  |  |  |  |
| NUTZUNGSGRAD (%) | --- |  | --- |  | --- |  | --- |  | --- |  | 92.4 |
| MITTL.VERWEILDAUER(TAGE) | 16 |  | 20 |  | 9 |  | 13 |  | 61 | 36 | 18 |
| DURCH.VERWEILDAUER(TAGE) | 14 |  | 17 |  | 13 |  | 11 |  | 61 |  | 15 |
| BERECHNUNGSTAGE (TAGE) | 5236 | 478 | 5011 | 499 | 731 |  | 791 |  | 61 | 18 | 11400 |
| DAVON 1-BETT-ZI(WAHLL.) |  | 115 | 4 | 43 |  |  |  |  |  |  | 162 |
| 2-BETT-ZI(WAHLL.) | 22 | 363 |  | 456 |  |  |  |  |  |  | 841 |
| NEUGEBORENE | --- |  | --- |  | --- |  | --- |  |  |  |  |

```
M                  : MAENNLICH
F                  : WEIBLICH
*                  : OHNE GESONDERT BERECHENBARE ARZTKOSTEN (O.LIQUIDATION)
**                 : MIT GESONDERT BERECHENBAREN ARZTKOSTEN (M.LIQUIDATION)


00000              : PATIENTEN WURDEN NICHT BERUECKSICHTIGT

A M B U L A N T E   P A T I E N T E N  DER STATION  F 11  WERDEN NICHT BERUECKSICHTIGT
```

Abb. 3: Monatsstatistik

Informationen, z. B. den Nutzungsgrad oder durchschnittliche Verweildauern. Die Verwaltung erhält hier Unterstützung, ohne daß sie dafür zusätzlich Daten zu erfassen hat, denn sämtliche Daten wurden bereits für die Patientenabrechnung erfaßt.

## 4. Patientenabrechnung

Nachdem die Wahlleistungen und Nebenleistungen während des stationären Aufenthaltes vollständig erfaßt worden sind, kann nach Entlassung des Patienten abgerechnet werden. Bei der wöchentlichen Abrechnung werden Daten für die Nachberechnung gespeichert. Ferner werden Daten der Debitorenbuchhaltung zur Verfügung gestellt.

Ein großer Vorteil der DV-Abrechnung liegt darin, daß bei einer Pflegesatzänderung ohne großen manuellen Aufwand eine Nachberechnung durchgeführt werden kann. So läßt sich die Nachberechnung für ca. 3.000 Patienten in einem DV-Lauf innerhalb von einer Stunde durchführen. Der Einsatz eines Mahnwesens bringt zusätzlich eine sichtbare Entlastung der Patientenverwaltung. Es ist geplant, Posten anzumahnen und den Eingang von Kostensicherungen zu überwachen.

Die Abrechnung ambulanter Patienten wird z. Z. aus folgenden Gründen nicht von der DV unterstützt:

- für etwa 15% der Patienten sind neben dem  KG-NT umfangreiche Tarifwerke erforderlich,
- die zahlreichen Sonderregelungen erfordern ein aufwendiges Programm,
- die DV-gerechte Erfassung aller Leistungen ist z. Z. noch nicht gegeben.

Es erscheint uns der Aufwand nicht gerechtfertigt, Teilsysteme zu entwickeln, die uns Programmierkapazität binden und der Patientenverwaltung keine Entlastung bringen.

## 5. Krankenblattarchiv

Nachdem der Arztbrief geschrieben und das Ärztliche Abschlußblatt ausgefüllt ist, wird die Krankenakte an das Zentralarchiv gesandt (Abb. 4). Über ein Meldeformular teilt das Archiv dem RZM den Eingang und die Mikroverfilmung der Akte mit. Die Stationen erhalten im dreiwöchigen Turnus hierüber Quittungslisten.

Ist sechs Wochen nach der Entlassung des Patienten noch keine Akte im Archiv vorhanden, setzt das Mahnsystem ein. Dieses läuft im dreiwöchi-

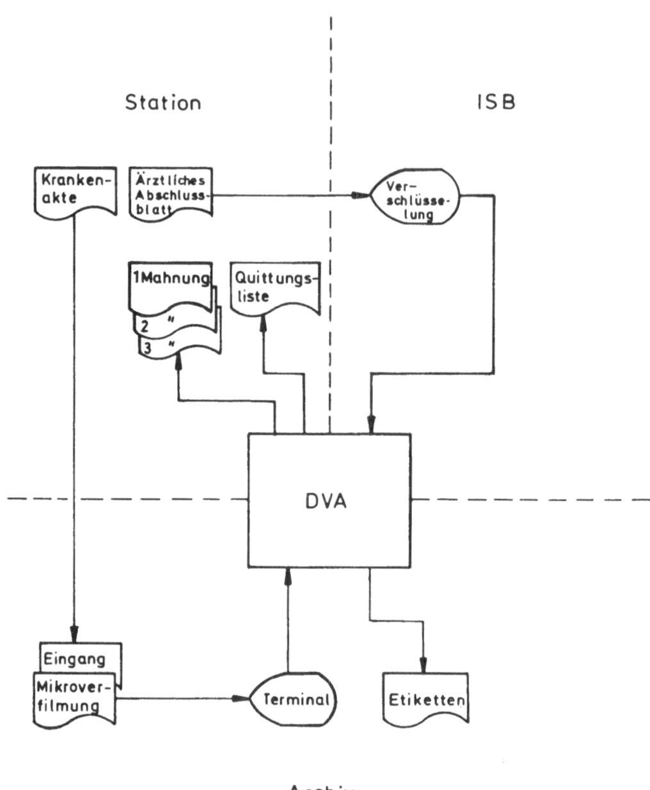


Abb. 4: Archiv-Unterstützung

gen Turnus mit maximal drei Mahnungen pro Patient. Die Mahnlisten werden stationsweise erstellt.

Nach der Meldung, daß eine Mikroverfilmung erfolgte, wird der Druck spezieller Etiketten angestoßen, die zur eindeutigen Kennzeichnung der Filmjackets und Akten verwendet werden.

## 6. Telefonabrechnung

In der Telefonabrechnung ist folgende DV-Unterstützung vorgesehen:

- Abrechnung aller Gespräche aus den Personal- und Bereitschaftswohnungen,
- Abrechnung aller Gespräche stationärer Patienten,
- Auswertung und Abrechnung der von den Bediensteten geführten Ferngespräche.

Die Gespräche aus den Personal- und Bereitschaftswohnungen werden auf Zählwerken erfaßt und monatlich in Rechnung gestellt. Dagegen erfolgt

z. Z. für die übrigen Gespräche kein Rechnungsdruck über die Datenverarbeitungsanlage. Die Lochstreifen werden wöchentlich nur eingelesen, und die Einheiten - sortiert nach Rufnummer und Datum - als Sammelliste der Verwaltung zur Verfügung gestellt.

## 7. Schluß

Die Unterstützung der Patientenverwaltung ist relativ weit gediehen und läuft ohne wesentliche Störung in Routine. Die Datenverarbeitung ist aus dem Organisationsablauf von Großhadern nicht mehr wegzudenken.

## Personalverwaltung

T. LANDERSDORFER

Das Referat Personalverwaltung hat bei Vollinbetriebnahme des Klinikums
Großhadern mehr als 3ØØØ Planstellen und über 1ØØØ Wohnungen und Garagen
zu verwalten. Dazu kommen noch die Fernsprechapparate in den Büros und
in den Personalwohnungen. Angesichts solcher Zahlen und der ständig
wachsenden Anforderungen an die Verwaltung ist eine Unterstützung durch
EDV nötig.

Die Rahmenanforderungen an die Datenverarbeitung war die regelmäßige Er-
stellung verschiedener Aufstellungen und Übersichten in Form von Listen.
Ausgenommen bleibt jedoch die Lohn- und Gehaltsabrechnung, die von der
Landesbesoldungsstelle bzw. von der Universitätskasse und der Anstalt
für Kommunale Datenverarbeitung in Bayern (AKDB) durchgeführt wird. Das
RZM erhält von dort die Daten auf Magnetbändern. Nach Einführung der
Kostenstellenrechnung sollen damit unter Zugriff auf die Personaldatei
die Personalkosten den Kostenstellen zugeordnet werden.

Neben den periodisch zu erstellenden Druckausgaben werden häufig spezielle Sonderanfragen gestellt. Diese werden ebenfalls in Listenform
oder direkt am Datensichtgerät beantwortet. Dabei sind Suchkombinatio-
nen, Sortierkriterien und Datenumfang in weiten Grenzen frei wählbar.

Wegen der Vielfalt der Datenstrukturen und der Forderung der Dialogfähigkeit bei der Wiedergewinnung der Information wurde das Datenbanksystem ISIS gewählt. Um der Verwaltung den Einstieg in die Methoden
der Datenverarbeitung zu erleichtern, haben wir mit ISIS zunächst eine
Test-Datenbank aufgebaut. Daraus wurden zahlreiche Listenbeispiele erzeugt, mit deren Hilfe dann die detaillierten Anforderungen der Personalverwaltung ermittelt werden konnten.

Die Belege für die Datenerfassung und die Änderungsfunktionen wurden so
gestaltet, daß beim zuständigen Sachbearbeiter der Verwaltung keine EDV-
Kenntnisse erforderlich sind. Manche Belege werden gleichzeitig als Arbeitsunterlagen verwendet, z.B. Karteikarten.

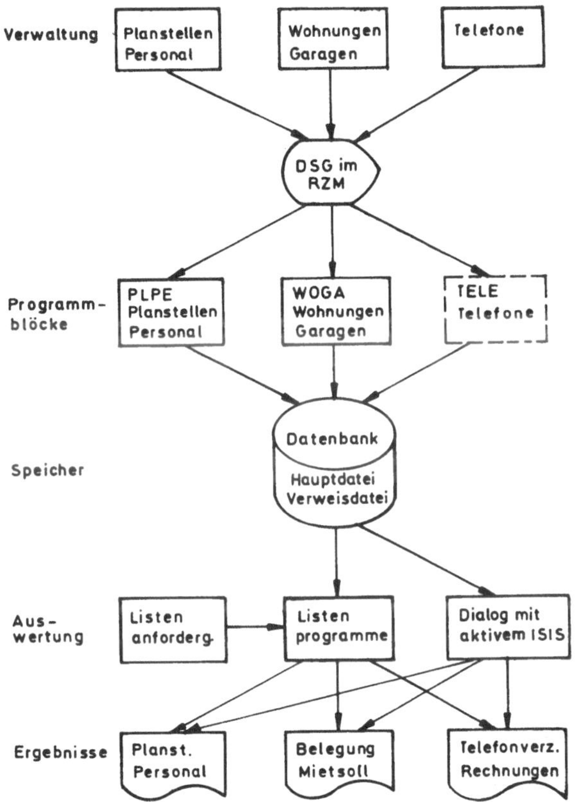



Abb. 1: Datenfluß

Die Abbildung 1 zeigt den Datenfluß. Die Belege der drei beteiligten
Verwaltungsstellen "Planstellen", "Wohnungen" und "Telefone" werden
an einem Datensichtgerät des RZM erfaßt. Dazu sind je nach Datenart
3 verschiedene Programmblöcke aufrufbar.

Es sind Dialogprogramme, die in der Sprache der Personalverwaltung zu
bedienen sind und zahlreiche ISIS-Module als Unterprogramme verwenden.
Die Programme bringen Formulare auf den Bildschirm, die ausgefüllt und
abgeschickt werden. Anschließend werden die Daten auf Fehler geprüft
und - wenn fehlerfrei - in die Datenbank übernommen. Tritt ein Fehler
auf, erscheint die entsprechende Meldung sofort auf dem Bildschirm,
und die Erfassungskraft kann den Fehler je nach Art entweder sofort
online beheben oder ihn auf dem Beleg vermerken.

Auch für die Auswertung mußte eine solche Benutzerebene geschaffen werden, denn es werden z.B. Listen verlangt mit variablen Überschriften,

Seitenzahlen und Summenbildungen. Diese Listenprogramme laufen als einzige im Stapelbetrieb. Davor wurde ein Dialogprogramm geschaltet, das einen Anforderungssatz erzeugt und dann die Listenprogramme startet. Damit kann eine beliebige Auswahl aus allen programmierten Listen in wenigen Sekunden angefordert werden.

Daneben gibt es Listen, die voll mit der aktiven Form von ISIS erstellbar sind. Jene, die regelmäßig in der gleichen Form gebraucht werden, sind in Stapelprozeduren abgelegt, die übrigen werden im Dialog erstellt.

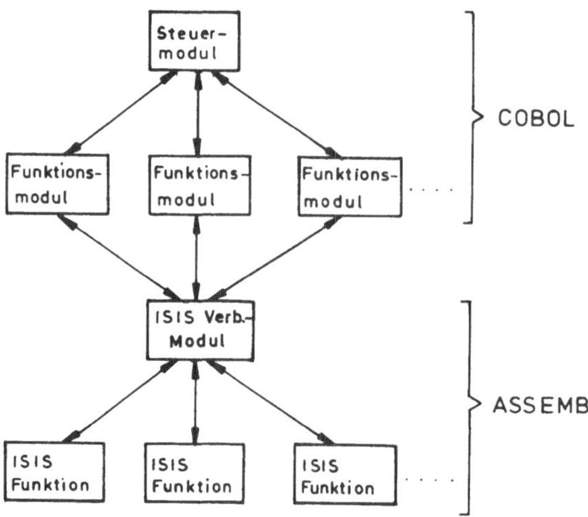


Abb. 2: Modularer Programmaufbau

Jedes der Erfassungs- bzw. Auswertungsprogramm ist modular aufgebaut und nach dem gleichen Schema strukturiert. Der Steuermodul bringt die eingebundenen Funktionen durchnumeriert auf den Bildschirm. Durch Angabe der Nummer wird der entsprechende Funktionsmodul angesteuert. Dieser gibt die Daten nach der Prüfung an ISIS weiter, das dann über spezielle Moduln auf die Datenbank zugreift. Er empfängt auch die Rückmeldungen von ISIS und meldet Fehler auf dem Bildschirm. Der Rücksprung in den Steuer-Modul erfolgt erst, wenn eine andere Funktion gewünscht wird.

Das System selbst ist so flexibel programmiert, daß Änderungswünsche und erweiterte Forderungen seitens der Verwaltung im allgemeinen ohne großen Aufwand implementiert werden können.

Seitens der Verwaltung mußten die Anforderungen an das System zu einer Zeit festgelegt werden, als das Klinikum noch nicht in Betrieb war. Es kam daher - wie gewöhnlich - vieles anders als man es sich gedacht hatte. So war man z.B. auf 13-stöckige Personalwohnungen ebensowenig vorbereitet wie auf die Sperrung von Planstellen. Ferner gab es kleinere Schwierigkeiten bei der richtigen Anwendung von Datenschlüsseln.

Im ganzen gesehen hat sich das System jedoch zu einem nicht mehr wegzudenkenden Hilfsmittel für eine transparente Personalverwaltung im Klinikum Großhadern entwickelt. Das Personalreferat wird heute mit den verschiedensten Listen versorgt, die zum Teil auch an andere Stellen weitergegeben werden, so z.B. verschiedene Planstellen- und Personalverzeichnisse, Wohnungsbelegung und Mieterverzeichnisse.

Als besonderer Vorzug hat sich die Flexibilität und Leistungsfähigkeit des Systems hinsichtlich der Beantwortung nahezu beliebiger Fragekombinationen erwiesen. Z.B. können, wenn in der Universität Wahlen vor der Tür stehen, Wählerverzeichnisse gedruckt werden, die die Verwaltungsseite nur noch durch wenige Daten ergänzen muß.

Die Datenbank selbst ist gegen unberechtigte Zugriffe durch ein LOGON-Passwort, das ISIS-Passwort und die Feldnamen geschützt. Damit haben nur die Mitarbeiter des Projekts vollen Zugriff, die Datenerfassungskraft kann Daten nur eingeben, aber keine lesen. Die Ausgabelisten werden während der Nachbearbeitung von der Steuerstelle des RZM geheimgehalten. Ausgehändigt werden sie nur dem Personalreferat.

# Apotheke und Wirtschaftsverwaltung

J. ZIERER, H. SIMON

Für die Versorgung von Patienten, Personal und technischen Einrichtungen
im Krankenhaus ist eine organisierte Materialbereitstellung notwendig.
Im Klinikum Großhadern sind dafür verschiedene zentrale Lager eingerichtet worden. Die wichtigsten sind
- die Apotheke,
- das Medizintechnische Magazin,
- das Wirtschaftslager, das z. B. Büromaterial bevorratet,
- das Verpflegungslager,
- das Technische Magazin, das z. B. den Handwerkerbedarf enthält und
- das Wäschelager.

Derzeit werden bereits die Apotheke, das Medizintechnische Magazin und
das Wirtschaftslager von der Datenverarbeitung unterstützt.

Für die Apotheke wurde das Programmsystem des Klinikums Berlin-Steglitz
übernommen. Dieses Programmsystem ist in Berlin unter Anleitung von
Herrn Dr. SIMON entwickelt worden und in ASSEMBLER geschrieben. Für die
Inbetriebnahme der neuen Apotheke in Großhadern war es am zweckmäßigsten
dieses System zu übernehmen. Für das übrige Lagerwesen wurde in Zusammenarbeit mit den Fachabteilungen ein Programmsystem entwickelt, das weiteren Anforderungen genügt.

Obwohl beide Programmsysteme prinzipiell ähnliche Aufgabenbereiche abdecken, sind wesentliche Details und insbesondere organisatorische Voraussetzungen unterschiedlich. So ist mit Ausnahme der Apotheke die Ma-
terialbeschaffung funktionell und räumlich von der Materiallagerung getrennt.

Diese Bedingung war zusammen mit dem Wunsch nach Dialogfähigkeit des Programmsystems mit dafür entscheidend, ein eigenes Programmsystem zu entwickeln. Im folgenden sollen jedoch nicht die Programmsysteme verglichen
werden. Es erscheint wichtiger, die Realisierung der DV-Unterstützung in
ihren wesentlichen Punkten zu erläutern:

- Der Bereich Lager wird durch eine Lagerbuchführung und eine Be-

standsüberwachung,
- die Beschaffung durch Bestellhilfen und eine Lieferüberwachung,
- das Rechnungswesen durch Daten der bewerteten Lagerbestände und
  des Warenverbrauchs und
- das Management schließlich durch Details über den Warenverbrauch,
  Kostenstellenvergleiche und verschiedene Statistiken, z. B. Laden-
  hüterlisten

unterstützt.

Der Rechner übernimmt die Lagerbuchführung. Das bedeutet:

- Erfassung aller Lagerbewegungen, insbesondere aller Wareneingänge
  und Warenausgänge,
- mengen- und wertmäßige Bestandsfortschreibung und
- Abrechnung der Lagerbewegungen nach Buchungsperioden, z. B.
  monatlich.

Voraussetzung für diese Lösung ist ein Artikelkatalog, in dem jedem
Artikel eine Artikelnummer zugeordnet ist.

Die Aufstellung des Artikelkatalogs bedeutet für die DV die Speicherung einer Artikeldatei. Sobald die Artikeldatei bereitsteht, können
alle Vorgänge des Betriebsablaufs verbucht werden. Bei einer Warenaus-
gabe sind z. B. lediglich Datum, Kostenstellennummer, Artikelnummer und
Menge anzugeben. Die Verständigung zwischen Anwender und DV-Anlage ist
dabei eindeutig, weil keine umständlichen Textangaben, wie etwa die Artikelbezeichnung verlangt werden.

Die DV-gerechte Erfassung der Betriebsdaten führt der Anwender selbst
aus. In der Apotheke werden dazu ausschließlich maschinenlesbare OCR-
Belege, in den anderen Lagern Ablochbelege, OCR-Belege oder Datensichtgeräte verwendet.

Da der Rechner die Lagerbuchführung übernimmt, kann er auch die Bestände
überwachen. In gewissen Abständen, einmal oder zweimal wöchentlich, wird
eine Dispositionsliste gedruckt. Die Liste enthält alle Artikel, die
nachbestellt werden sollten, weil der verfügbare Bestand, das ist der
Lagerbestand plus die offenen Bestellungen, unter einen bestimmten Mindestbestand gesunken ist. Dieser Mindestbestand wird vom Anwender fest
vorgegeben, weil derzeit eine automatische Bestellpunktrechnung anhand
von Verbrauch und Lieferfristen nicht angemessen erscheint. Die Dispositionsliste enthält Hinweise, welche Artikel bei welchem Lieferanten in
welcher Menge nachbestellt werden sollten. Dennoch können kritische Si-

tuationen auftreten, wenn ein bestimmter Artikel plötzlich unerwartet stark nachgefragt wird oder wenn der Lieferant den Liefertermin weit überzieht. Um solchen Situationen vorzubeugen, druckt die DVA in kurzen Abständen Alarmlisten. Diese Listen enthalten gegebenenfalls Artikel, deren Lagerbestand unter einen vorher festgelegten eisernen Bestand gesunken ist. Damit das Lager die Situation nicht nur als kritisch erkennt, sondern schnell reagieren kann, werden zu jedem Artikel die offenen Bestellungen und die möglichen Lieferanten angedruckt.

Die Bestellungen für das Medizintechnische Magazin z. B. können direkt über ein Bildschirmterminal ausgeführt werden. Der Anwender braucht dabei im wesentlichen nur Lieferantennummer, Artikelnummer, Menge und Preis anzugeben. Die restlichen Informationen, z. B. die Lieferantenanschrift oder Artikelbezeichnung werden von der DVA automatisch ergänzt. Die Bestellscheine werden anschließend auf einem Schnelldrucker unterschriftsreif ausgedruckt.

Zu einer ordnungsgemäßen Lagerbuchführung gehört nicht nur die Erfassung aller Daten, sondern auch eine körperliche Inventur, die jährlich mindestens einmal durchgeführt werden muß. Aus zeitlichen und aus personellen Gründen wird das Apothekenlager z. B. nicht auf einmal, sondern nacheinander in kleinen Teilschritten gezählt. Die DVA druckt für den ausgewählten Lagerplatz eine Bestandsliste. Wenn der Zählbestand vom Sollbestand abweicht, kann der Anwender sofort eine übersichtliche Liste aller Warenbewegungen eines bestimmten Artikels anfordern. Im Vergleich zu einer manuellen Lagerbuchführung lassen sich hier Fehlbuchungen mit größerer Sicherheit und viel schneller ermitteln.

Die Lagerbuchführung ist wichtig für Finanzbuchhaltung und Betriebsabrechnung. Zu jedem Monatsende ermittelt die DVA für die Finanzbuchhaltung die bewerteten Lagerbestände. Für die Kostenrechnung wird monatlich der Warenverbrauch zusammengestellt. Die Verbrauchszahlen können nach Haushaltstitel oder nach verbrauchender Kostenstelle aufsummiert werden.

Für das Management bietet das System vielfältige Datenauswertungen an. Durch die Auflistung der Verbrauchszahlen in Einzelposten kann detailliert festgestellt werden, wo ein bestimmter Artikel verbraucht wurde. Umgekehrt läßt sich ermitteln, was eine bestimmte Kostenstelle in welchen Zeiträumen verbraucht hat. Diese Informationen sind zum einen wichtig für Kontroll- und Überwachungszwecke. Zum anderen ermöglichen sie einen betriebswirtschaftlich orientierten Vergleich von Kostenstelle zu Kostenstelle.

Hervorzuheben ist dabei, daß jede Kostenstelle monatlich eine Zusammenstellung ihrer Warenanforderungen erhält. Der psychologische Effekt dieser Listen ist nicht zu unterschätzen.

Die DVA listet in regelmäßigen Abständen auch die sogenannten "Laden-
hüter" auf. Dadurch wird aufgezeigt, welche Artikel in einer bestimmten Zeitspanne nicht mehr ausgegeben worden sind und wieviel Kapital
dadurch gebunden ist. Diese Artikel können daraufhin bevorzugt an die
Kostenstellen abgegeben oder an die Lieferanten zurückgegeben werden.
Die Ladenhüterliste ist auch eine wichtige Arbeitsunterlage für die
Arzneimittelkommission. Diese Kommission legt fest, welche Arzneimit-
tel in der Apotheke bereitgestellt werden.

Die bis jetzt erwähnten Einzelheiten der DV-Unterstützung von Apotheke
und Wirtschaftsverwaltung zeigen, daß dem Anwender zum Teil manuelle
Arbeiten abgenommen oder aber zumindest erleichtert werden. Außerdem
kann die DVA eine Vielzahl von Entscheidungshilfen anbieten.

Wesentlich ist, daß der Rechner dazu beiträgt, den Betriebsablauf in
Lager und Beschaffung sowohl für betriebszugehörige als auch für be-
triebsfremde Personen überschaubar zu machen. Die Kosten für die Materialbereitstellung und den Materialverbrauch können durch derartige
Systeme möglichst niedrig gehalten werden.

Derzeit weist die DVA für die drei Lager Apotheke, Medizintechnisches
Magazin und Wirtschaftslager einen Warenwert von ca. 3,2 Mill. DM aus.
Durch den Anschluß der Zentralapotheke der Innenstadtkliniken an die
DV wird sich der vom Rechner erfaßte Warengesamtwert noch um einen
entsprechenden Faktor erhöhen. In Lagern sind gewöhnlich enorme Gelder
gebunden und die bessere Nutzung der Ressourcen wird durch unser System
erheblich erleichtert. Hier liegt einer der Schwerpunkte möglicher Ko-
steneinsparungen durch die Datenverarbeitung.

<u>Rechnungswesen im Krankenhaus</u>

J.H.J. GROSCHE

## 1. Aufgabenstellung

Unbestritten hat sich die Institution "Universitätskrankenhaus" im Verlauf der letzten Jahrzehnte - infolge des zunehmenden Einsatzes der Technik - zu einem äußerst komplizierten und auch komplexen Betriebsorganismus gewandelt.

Konnte das kamerale Rechnungswesen mit diesen Wandlungen im Krankenhaussektor Schritt halten? Offenbar nicht. In der Kontrolle der ökonomischen Daten beschränken sich die kameral-orientierten Klinikverwaltungen auf das Rechnen mit Geld. Das Streben, durch Einnahmen für die erforderliche Deckung der Ausgaben zu sorgen, steht bisher stärker im Mittelpunkt als die Beantwortung der Frage, wofür und wie wirtschaftlich das Geld in Kliniken ausgegeben wird. Um Mißverständnissen vorzubeugen: Wirtschaftlichkeit wird hier nicht mit Sparsamkeit gleichgesetzt. Nicht jede Sparmaßnahme kann zugleich Anspruch auf Wirtschaftlichkeit erheben.

Die Notwendigkeit eines leistungsfähigen Rechnungswesens für den Komplex Universitätskliniken, das nicht nur als Abrechnungsverfahren die Vergangenheit dokumentiert, sondern auch als Instrument der Entscheidungshilfe laufend das betriebliche Geschehen beeinflussen kann, ist inzwischen unbestritten. Als sogenannte Abbildungsfunktion aller Klinikaktivitäten bekommen die Informationen des Rechnungswesens somit eine zweifache Aufgabe:

- Zum einen sollen sie in Zahlen gefaßte Aussagen über Zustände und Vorgänge in den einzelnen Funktionsbereichen und die sie begleitenden Wertbewegungen widerspiegeln,
- zum zweiten müssen sie die Kontrolle der Wirtschaftlichkeit und des Erfolges aller betrieblichen Prozesse ermöglichen und gleichzeitig die für die Dispositions- und Führungszwecke benötigten Informationen zur Verfügung stellen. [1]

Von diesen grundsätzlichen Überlegungen und von der Forderung, daß auch Universitätskliniken gemäß § 20 Bundespflegesatzverordnung (BPflV) spätestens vom 31.12.1977 an für die Ermittlung der Selbstkosten und für den Nachweis einer sparsamen Wirtschaftsführung die kaufmännische Buchführung und die Betriebsabrechnung anzuwenden haben, sind wir beim Aufbau eines DV-unterstützten Rechnungswesens ausgegangen.

In Anlehung an die Erfahrungen der Industrie sollen die jeweiligen Einzelbereiche, wie Leistungsabrechnung, Materialabrechnung, Lohn- und Gehaltsabrechnung, Buchhaltung, Betriebsabrechnung und Betriebsstatistik, getrennt entwickelt werden und auch getrennt arbeiten können. Eine maschinelle Integration aller Einzellösungen zu einem Gesamtsystem, wie sie Abbildung 1 veranschaulicht, wird Aufgabe der Zukunft sein.

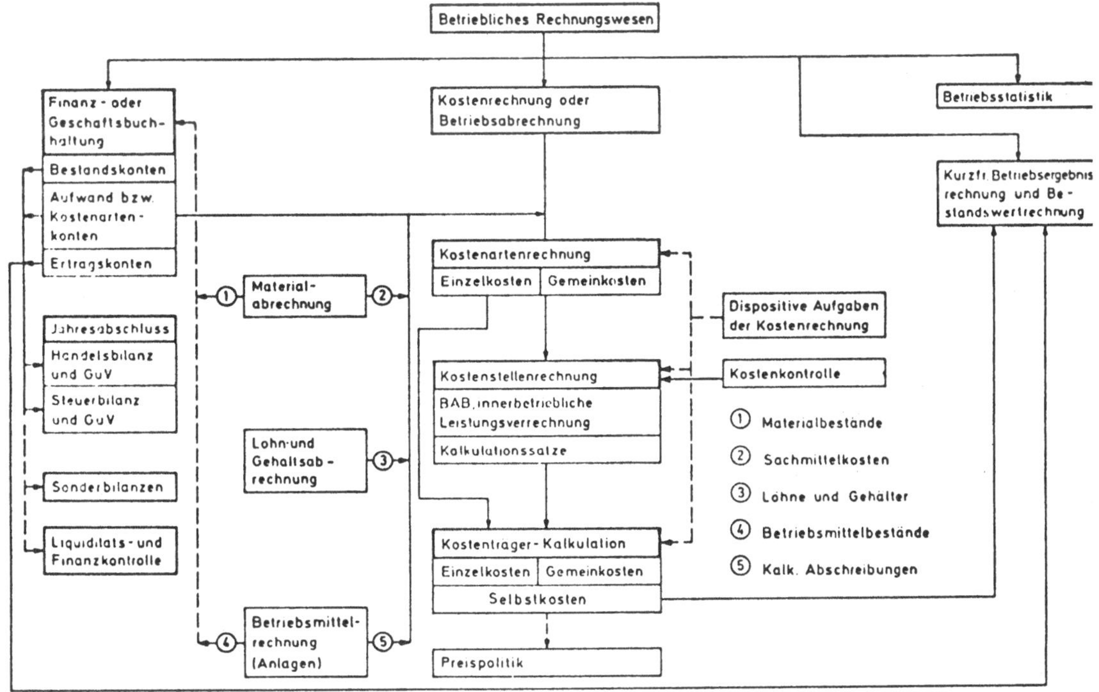


Abb. 1: Gesamtsystem Rechnungswesen

## 2. Projektarbeiten

### 2.1 Finanzbuchhaltung

Das Rechnungswesen (Abb. 2) setzt sich aus mehreren Teilprojekten zusammen. Als der erste zentrale Systemteil wird die Finanzbuchhaltung betrachtet. Ihr Aufbau muß daher mit hoher Priorität erfolgen. Um diese Forderung zu erfüllen, wurde das integrierte System FIBAS - Finanzbuchhaltung im Bausteinsystem - implementiert. [2]

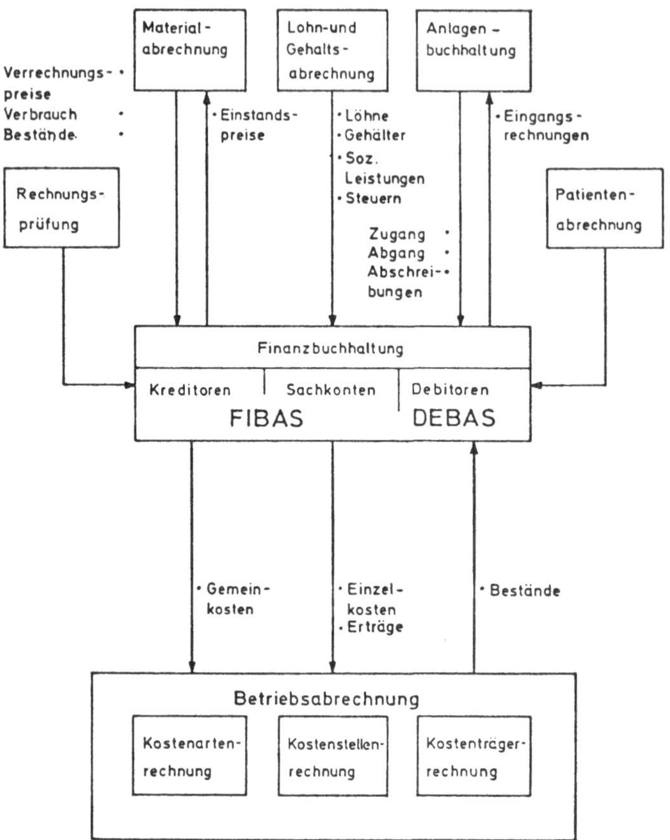



Abb. 2: Finanzbuchhaltung als zentraler Bereich

FIBAS gliedert sich in folgende Aktivitäten:

1.  Die Hauptbuchhaltung mit Führung der Sachkonten
    - die Ergebnisrechnung mit Hauptbuch und Rohbilanz,
    - das Erstellen der Konten- und Saldenauszüge mit beliebigen Ver-
      dichtungen,
    - das Abstimmsystem in allen Programmen.
2.  Die Kreditorenbuchhaltung in Form einer Offene-Posten-Buchhaltung
    unter Einschluß der Zahlungsverkehrsabwicklung mit den Lieferanten.

Den Kern des Systems bilden drei Programmfolgen (Abb. 3):

Die Programmfolge "Lieferantenabrechnung" ermöglicht die termingerechte,
fälligkeitsabhängige Zahlung der Lieferantenrechnungen mit einer Ausnut-
zung der optimalen Zahlungsbedingungen sowie die sachkontengerechte Ver-
buchung aller lieferantenbezogenen Geschäftsvorfälle.

Die Programmfolge "Kontenführung und Periodenabschluß" liefert mit dem

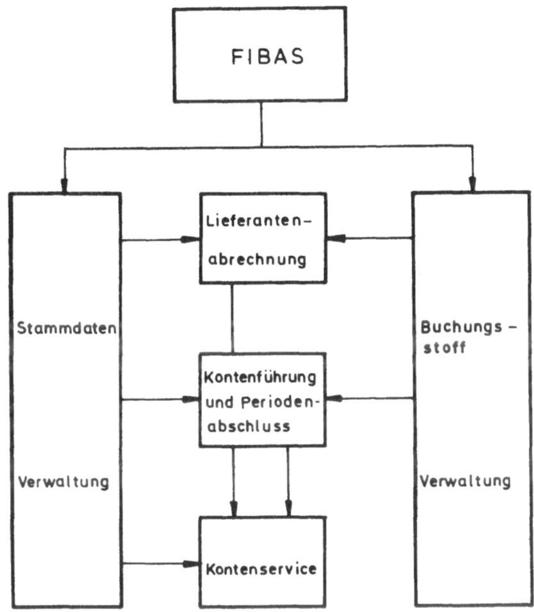



Abb. 3: Programmzusammenhang von FIBAS

Journal alle chronologisch aufgezeichneten Geschäftsvorfälle, erstellt
das vom Gesetzgeber geforderte Hauptbuch und stellt die Ergebnisrechnung
zur Verfügung.

Die dritte Programmfolge umfaßt den "Kontenservice". Dieser Teil liefert
alle Auswertungen aus der Finanzbuchhaltung, die nicht periodisch sondern sporadisch anfallen. Nach dem Prinzip der Datenverdichtung lassen
sich beispielsweise die Werte von Einzelkonten über Kontengruppen zur
Kontenklasse verdichten. Für die Beurteilung des gesamten Werteflusses
im Klinikum oder in jeder einzelnen Klinik ist diese Auswertungsmöglich-
keit von erheblicher Bedeutung.

Seit dem 1.10.1974 werden Geschäftsvorfälle aus dem Klinikum Großhadern
und aus zwei Innenstadtkliniken im Rahmen eines Modellversuchs von
FIBAS verarbeitet. Das vom Programm verarbeitete Buchungsmaterial der
betreffenden Geschäftsvorfälle läßt sich so aufbereiten, daß komplette
Buchungssätze, Gegenbuchungen, Korrekturbuchungen und Umkehrbuchungen
entstehen.

Der Geschäftsvorfall "Regulierung der Lieferantenrechnung" erfolgt maschinell und wird anschließend über die Universitätskasse abgewickelt.
Monatlich kommen bereits mehr als 1.900 Lieferantenrechnungen zur Ver-
buchung und Zahlungsaufbereitung. Die DV-Listen werden den Fachabteilungen für ihre Routinearbeiten regelmäßig zur Verfügung gestellt.

## 2.2 Debitorenbuchhaltung

Ebenso wie die Kreditorenbuchhaltung soll auch der Debitorenteil
DEBAS [3] - Debitorenbuchhaltung im Bausteinsystem - nach der Methode der
Offene-Posten-Buchführung als statistische Rechnung geführt werden
(Abb. 2). Er ist als Nebenbuchhaltung mit Schnittstellen zur Patienten-
abrechnung und zur Hauptbuchhaltung konzipiert. Datenlieferant ist die
Patientenabrechnung, die der Debitorenbuchhaltung alle Sollstellungen
für noch nicht ausgeglichene Rechnungen übergibt, und zwar getrennt
nach stationären und ambulanten Rechnungen sowie nach Rechnungen für
Kassenpatienten und Selbstzahler. Der Debitorenteil enthält neben der
Personen-Konten-Führung und Offene-Posten-Pflege auch ein automatisches
Mahnverfahren. Für den Debitorenteil ist die programmtechnische Planung
nahezu abgeschlossen, mit der Implementierung des Software-Paketes ist
noch vor Jahresende zu rechnen.

## 2.3 Anlagenbuchhaltung

Für Universitätskliniken findet das Krankenhausfinanzierungsgesetz (KHG)
keine Anwendung. Dem KHG entsprechende Förderungsrichtlinien weist das
Hochschulbauförderungsgesetz ebenfalls nicht auf. Deshalb muß der Bereich Vermögenswirtschaft und Technik durch Erarbeitung geeigneter Informationen dafür Sorge tragen, daß die Universitätskliniken in Bezug
auf die Finanzierung des Sachvermögens nicht schlechter gestellt werden
als die nach dem KHG geförderten Krankenhäuser.

Bekanntlich bestimmt das Verfahren der Anlagenbuchhaltung den Prozeß
der betreffenden Programmentwicklung. Dazu müssen aber die sachlichen
Grundlagen bekannt sein, die die Basis für Detailmaßnahmen bei der Programmierung darstellen.

Zu nennen wären an dieser Stelle eben solche einschlägigen Vorschriften,
wie sie z. B. die kommunalen Krankenhäuser bereits kennen. Dazu zählen
verbindliche Verordnungen über die Behandlung beweglicher Sachen als ver-
mögenswirksame Ausgaben oder Richtlinien für die Erfassung, Bewertung
und Nachweisung des Vermögens für Kliniken und sonstigen klinikzugehö-
rigen Einrichtungen. Schließlich sei der Vermögensgliederungsplan genannt, der als Grundlage für den strukturierten Aufbau des Inventarnum-
mern-Verzeichnisses zur Klassifizierung für das Sachvermögen anzusehen
ist.

Diese aufgezählten Punkte mögen als Erklärung genügen, weshalb die Reali-
sierung der DV-unterstützten Anlagenbuchhaltung in den Kliniken erst am
Anfang steht, wenngleich die schrittweise Inbetriebnahme dieses großen
Klinikums geradezu ideale Voraussetzungen für die Implementierung einer

DV-Anlagenbuchhaltung mit sich bringt.

## 2.4 Materialabrechnung

Für die Bereiche Apotheke und Wirtschaftsverwaltung wurde eine DV-Unterstützung mit entsprechender Schnittstelle zur Finanzbuchhaltung realisiert.

Ein besonderes Problem ergibt sich aus der räumlichen Anordnung der Lager. Während im Klinikum Großhadern zentrale Lager eingerichtet sind, verfügen die Innenstadtkliniken über keine zentralen Vorratsstätten. Abgesehen von den organisatorischen Schwierigkeiten ergeben sich daraus für das maschinelle Buchhungsverfahren recht unterschiedliche Konsequenzen.

Die Doppik erfordert die Buchung "Vorrat an Verbindlichkeiten" und dann entsprechend den Lagerentnahmen "Aufwendungen an Vorrat", d. h. die kaufmännische Buchführung unterscheidet zwischen angefallenen Ausgaben und tatsächlichem Verbrauch. Hierdurch ist eine unzweifelhafte Feststellung des tatsächlichen Lagerabganges gegeben, der zugleich als realer Verbrauch anzusehen ist. Dort aber, wo keine zentralen Lager vorhanden sind, erfolgt nur die Buchung "Aufwand an Verbindlichkeiten", was soviel bedeutet, daß geleistete Ausgaben unmittelbar einem tatsächlichen Verbrauch gleichgesetzt werden. Auch hier wird - wie bei jedem anderen Arbeitsgebiet - der Erfolg von maschinellen Verfahren und neuen Methoden in Frage gestellt, wenn nicht vorher bzw. gleichzeitig umfassende Reformen mit entsprechenden organisatorischen und personalwirtschaftlichen Aktivitäten einhergehen.

## 2.5 Lohn- und Gehaltsabrechnung

Eine Integration zwischen der Personalabrechnung und der Finanzbuchhaltung ist nur dann möglich, wenn die Personalabrechnung die Werte liefert, die für die entsprechende Buchung unbedingt erforderlich sind. Da das Klinikpersonal augenblicklich zum Teil bei der Landesbesoldungsstelle und zum anderen Teil bei der AKDB abgerechnet wird, sind die Voraussetzungen für die Übernahme der Buchungswerte in unsere DV-Finanzbuchhaltung gegeben.

## 2.6 Betriebsabrechnung

Dieser Teil des Rechnungswesens kann erst - und nicht zuletzt aus Personalgründen - im Anschluß an die vollständige Realisierung der Buchhaltung bearbeitet werden. Im Vorgriff auf das Vorhaben "Betriebsabrechnung" läßt sich jedoch jetzt schon innerhalb der Finanzbuchhaltung eine sogenannte Kostenstellenliste erstellen, die die Kosten und Erlöse pro Ko-

stenstelle ausweist. Für eine derartige statistische Kostenstellenaus-
wertung muß für jede zu einem Ertrags- oder Aufwandskonto gehörende Buchung eine Kostenstellennummer angegeben werden. Die erforderliche Ko-
stellengliederung liegt vor und wird bereits in mehreren Kliniken angewandt.

## 3. Zusammenfassung

Die vorstehenden Äußerungen scheinen wenig von einem Totalkonzept ein-
nes integrierten Informationssystems "Rechnungswesen" zu verraten. In
der Tat verfügen wir über kein globales, bis ins letzte Detail ausgear-
beitetes Gesamtkonzept eines monolithischen Systems. Wir sind uns dieses
Zustandes wohl bewußt; wir wissen aber auch, daß wir sehr rasch aussage-
fähige Informationen anbieten müssen, die den Krankenhausträger und seine Vollzugsorgane in die Lage versetzen, die Effektivität des Leistungs-
prozesses zu erhöhen oder die Leistungsqualität zu verbessern.

Bisherige maschinelle Verfahren in Universitätskliniken zeichneten sich
im wesentlichen dadurch aus, daß sie den Charakter von individuellen
Hauslösungen hatten. Mit der Entwicklung eines krankenhausbetrieblichen
Rechnungswesens in Kliniken treten die Rechenzentren jedoch über die
Grenzen ihrer Hausreviere hinaus und müssen DV-Verfahren unter Berück-
sichtigung gesetzlicher Rahmenbedingungen realisieren.

Die Forderung nach Einführung eines DV-unterstützten Rechnungswesens wegen zu erwartender gesetzlicher Vorschriften genügt aber allein zur Realisierung noch nicht. Neuartige DV-Verfahren erfordern über die Bereitstellung andersartiger Informationen hinaus umfassende komplementäre Maßnahmen. Hierunter werden vor allem auch alle rechtlichen Aktivitäten verstanden, die das Haushalts-, Kassen- und Rechnungswesen betreffen. Be-
dauerlich ist nur, daß gerade diese noch weitgehend fehlen.

Zusammenfassend läßt sich unser Vorgehen folgendermaßen umschreiben:
Stufenweiser Ausbau eines DV-unterstützten "Rechnungswesens", das sich
nach und nach auf Subsysteme aufbaut, die voneinander unabhängig, aber
auch integrativ benutzt werden können. Die Erfahrungen haben gezeigt,
daß ein derartiges Vorgehen am ehesten geeignet ist, nicht nur technische Probleme, sondern auch methodische, organisatorische, betriebswirtschaftliche und insbesondere rechtliche Probleme in traditionellen
Universitätskliniken zu bewältigen.

## Literatur

[1]  GROSCHE, J.H.J.      Rationalisierungsreserven in der Kranken-
                         hausverwaltung
                         Krankenhaus-Umschau 43, 1974, 936 - 940

[2]  FIBAS                Finanzbuchhaltung im Bausteinsystem
                         Teil 1: Beschreibung
                         Teil 2: Verfahrensbeschreibung
                         Siemens AG, 1974

[3]  DEBAS                Debitorenbuchhaltung im Bausteinsystem
                         Teil 1: Anwendungsbeschreibung
                         Siemens AG, 1976

# IV. THESENDISKUSSION

<u>Alternativen Medizinischer Datenverarbeitung</u>

Thesendiskussion

Teilnehmer:  C. Th. EHLERS, H. GUMIN, E. JAHN, M. KNEDEL, S. KOLLER,

             P. L. REICHERTZ, W. SCHUSTER, G. SEEGMÜLLER

Moderation:  K. ÜBERLA


ÜBERLA:
Die Datenverarbeitung in der Medizin wird sich in den
nächsten 10 Jahren inhaltlich, organisatorisch und tech-
nisch festigen. Später werden die Entwicklungen vermutlich
langsamer und in einem relativ festen Rahmen verlaufen.

Die Zukunft läßt sich vereinfacht in 3 Dimensionen beschreiben,

- in einer methodischen Dimension: Ist medizinische Informatik eine eigene Wissenschaft oder nicht,
- in einer technischen Dimension, hier steht die Frage:
  Mini-, Mikro-Computer versus Großrechner bzw. herkömmlichen Rechner im Vordergrund und
- in einer anwendungsorientierten Dimension: Wo wird der
  Schwerpunkt der Anwendung liegen - Verwaltung, Medizin
  oder Forschung?

Lassen Sie uns mit dem ersten Fragenkreis beginnen: Ist
medizinische Informatik eine eigene Wissenschaft?

Zwei mögliche Zukunftsbilder - das eine: 'Medizinische Informatik ist als Fachgebiet an der Universität verschwun-
den und zur routinemäßigen Anwendung einer Technologie geworden, eine zentrale Einrichtung wie die Telefonzentrale,
ohne Einfluß auf den Inhalt der Information. Die beteiligten Personen sind nicht mehr Wissenschaftler, sondern Beamte oder Angestellte. Ihre Ausbildung erfolgt in den herkömmlichen Ausbildungsgängen der Informatik oder der ange-
wandten Mathematik'. (Scenario A)
Die andere Alternative als Gegenpol: ' Medizinische Informatik ist ein eigenständiges methodenorientiertes Fach
innerhalb der Universitäten geworden. Die Routineanwendung

3 Dimensionen:

Methodik,

Technik und

Anwendung

Erste Dimension:

Methodik

Medizinische

Informatik:

zentrale

Einrichtung

oder

Wissenschaft?

erfolgt in zentralen Einrichtungen, andere Methoden sind
eindeutig abgegrenzt gegen die spezielle Methodik der medizinischen Informatik'. (Scenario B)

Ich könnte mir denken, daß Herr SEEGMÜLLER, der selbst
nicht zur medizinischen Informatik gehört, vielleicht zur
Frage: Wissenschaft 'Medizinische Informatik' einen Kommen-
tar aus seiner Blickrichtung 'Informatik' gibt.

SEEGMÜLLER:
Ich darf zunächst sagen, daß ich hier als'Allgemeiner Informatiker'sitze und daß auch wir natürlich versucht haben,
den Standort unserer eigenen Disziplin zu bestimmen. Davon
ausgehend versuche ich jetzt etwas darüber zu sagen, was
ich mir vorstellen könnte, was Med. Informatik sei.

Ich würde sagen, der Schwerpunkt muß bei dem Bemühen der
Algorithmisierung von Bereichen liegen, die dafür geeignet
sind. Man könnte etwa sagen: Med. Informatik ist die Lehre
von den Eigenschaften der Darstellung, der Konstruktion
und der Realisierung von Algorithmen für die Bereiche der
medizinischen Wissenschaften und der medizinischen Praxis.
Wenn man hier eine entsprechend weite Auffassung der Begriffe: Eigenschaften, Darstellung, Konstruktion und Realisierung hernimmt, erfaßt man damit alle wohl relevanten
Bereiche von der Problematik der Konzipierung medizinbezogener Algorithmen über Sicherheitsprobleme bei der Konstruktion bis zur eventuell verteilten Implementierung und
Ausführung auf verschiedenartigen Rechnerkonfigurationen.
Sicherlich werden Ergebnisse von Forschungsbereichen, wie
Biostatistik, Biomathematik, Systemlehre usw., einerseits
vom medizinischen Informatiker dringend benötigt, andererseits wirken die von ihm eröffneten prinzipiellen algorith-
mischen Möglichkeiten stimulierend auf diese Bereiche ein.

*Versuch einer Definition*

Es ist also der Gesichtspunkt der Algorithmisierung spezieller medizinischer Aufgabenstellungen, der für mich im
Vordergrund steht. Insofern kann man vielfach die Tätigkeit des medizinischen Informatikers und die Lehrinhalte,
die er baut, vergleichen mit dem, was z. B. in der Betriebswirtschaft üblich ist. In der Betriebswirtschaft wird durch
die Einführung von rechnerbezogenen Aspekten der wesentliche Inhalt der Lehre der Betriebswirtschaft verändert. Der

*Algorithmi-
sierung
medizinischer
Aufgaben*

eigentliche Lehrgegenstand verändert sich wesentlich durch
die Einführung von Rechnern, im Gegensatz z. B. zur Situation in anderen Disziplinen, wo Rechner mehr anzillar zur
Beschleunigung von an sich üblichen Praktiken verwendet
werden. Man kann also damit begründen, daß die medizinische
Informatik ein eigenständiges Fach darstellt, weil sie wesentliche neue Lehrinhalte und nicht nur eine Art Prothesen
schafft, die unter Anwendung bereits bekannter Techniken
verwendet werden. Das scheint mir das Wesentlichste zu sein
und insofern steht meine Auffassung dem näher, was Herr
ÜBERLA vorhin unter Scenario B gesagt hat. Ich darf vielleicht erinnern, daß die Einführung des Rechners in den
Laborbereich einige wesentliche organisatorische Rückbezü-
ge auf die Vorgänge in diesem Labor hat. Es werden hier
neue Tatsachen geschaffen, die wesentlich sind für die Organisation dieser ganzen Bereiche, und damit neue Lehrinhalte. Damit glaube ich, kann man rechtfertigen zu sagen,
daß die medizinische Informatik nicht nur an dieser Stelle,
sondern auch an vielen anderen Ansätzen zeigt, ein eigenes,
eigenständiges und lebensfähiges Fach zu werden.

REICHERTZ:
Ich bin eigentlich etwas frustriert, aber im positiven Sinne, denn eine solche Philippika für die Eigenständigkeit
dieses Fachgebietes hatte ich vorbereitet, sozusagen als
Repost auf eine ablehnende Haltung eines 'Kerninformatikers'.
Ich stimme mit Ihnen völlig überein. Ich bin der Meinung,
daß zentraler Punkt einer sich neu entwickelnden Methode
auf diesem Gebiet die allgemeine medizinische Methodenleh-
re ist in ihrer formalen Darstellung, also die Algorithmisierung und daß das Bestreben einen zunehmenden Erfolg zeigen wird, die ärztlichen Entscheidungs- und Handlungspro-
zesse formal darzustellen und damit im Grunde genommen auch,
da sie anderen Kriterien zugänglich werden, zu verändern
und entscheidend zu beeinflussen. Das kann nicht nur in
den theoretischen Konzepten der Medizin und der Krankheits-
lehre und in dem einzelnen Fall der Patientenbehandlung geschehen, sondern darüberhinaus auch in organisatorischen
Formen, sei es nun in Prozeßsteuerungsaspekten wie in der
Labormedizin, sei es in betriebswirtschaftlichen Organisa-
tionsformen.

Weiterhin sind Anwendungen allgemeiner systemanalytischer
Techniken nötig und werden nötig, sowohl im Hinblick auf
die einzelne Patientenbehandlung, als auch für den Betriebsablauf des gesamten Gesundheitswesens in seinen organisatorischen Einrichtungen, weil wir hier das Problem des großen Systems haben, das zunehmend Schwierigkeiten der Steuerung zeigt: das Problem komplexer Informationssysteme, die
wir ohne die Ansätze der Informatik auf diesem Gebiet auf
die Dauer m. E. nicht lösen können. Genau in dieser Richtung müssen wir strukturelle Veränderungen und neue Verfahren schaffen, die in der Medizin ihre Anwendung finden
werden.

Darüberhinaus bin ich aber auch der Meinung, daß aus den
Impulsen dieser Anwendung wesentliche Anregungen auf die
Forschungsgebiete der Informatik zurückkommen werden, daß
also eine rückwärtige Befruchtung ebenso möglich ist und
hier eine neue Forschungsrichtung für diese speziellen,
wie auch für andere Anwendungsprobleme einen Impuls setzen
wird.

ÜBERLA:
Wie sieht die Frage nach dem Fachgebiet 'Medizinische Informatik' aus der Sicht der Anwendungserfahrung, etwa in
dem Bereich DOMINIG, aus.
Darf ich Herrn SCHUSTER fragen, ob er aus der Anwendungserfahrung zu dieser Problematik etwas zu sagen hat.

SCHUSTER:
Ich würde den von Ihnen vorgeschlagenen Scenarien A und B
ein Scenarium C gegenüberstellen:
'1986 wird erstens die medizinische Informatik ein methodenorientiertes Fach und voll etabliert an der Universität
sein '. Das hat Gründe des natürlichen Bedarfs - das haben
meine beiden Vorredner ausgeführt - das hat auch Gründe von
legitimen und illegitimen Standesinteressen.

Zweitens: 'Die routinemäßige Anwendung der Datenverarbeitung im Bereich des Gesundheitswesens wird in 10 Jahren
überwiegend durch Beamte und Angestellte durchgeführt. Diese Beamten und Angestellten haben zwar keine Informatik-
ausbildung. Sie haben eine zwar qualifizierte, aber voraussichtlich immer noch nicht qualifizierende Ausbildung an

den DV-Zentralen der verschiedenen Länder'.

Drittens: 'Der Graben zwischen diesen beiden Bereichen wird auch in 10 Jahren noch größer werden'.

EHLERS:
Ich bin nicht so ganz sicher, daß wir in 10 Jahren überhaupt sehr viel weiter sind als heute. Ich bin auch nicht der Meinung, daß hier auf Landesebene oder auch auf universitärer oder kommunaler Ebene dann nur eine große Anlage existiert, die alles macht.

Meine zweite Bemerkung betrifft die in Scenario B dargestellte Abgrenzung von Biostatistik - Biomathematik - Dokumentation - Epidemiologie - Systemforschung usw. gegen die Med. Informatik. Ich glaube, wenn das eintritt, dann ist ein weiterer Graben entstanden. Gerade das, was von Herrn SEEGMÜLLER und auch von Herrn REICHERTZ zur gegenseitigen Befruchtung und Beeinflussung gesagt worden ist, schließt es aus, daß sich diese Gruppen sehr stark voneinander abgrenzen. Sie hängen sehr eng miteinander zusammen, der eine ist oft die Voraussetzung für den anderen. So möchte ich das sehen.

*Keine starke Abgrenzung der medizinischen Informatik von Biostatistik, Epidemiologie etc.*

Ich bin der Meinung, daß - ob man das nun medizinische Informatik oder medizinische Datenverarbeitung nennt, das sei jetzt völlig dahingestellt - in jedem Fall das Ganze immer wieder irgendwo noch anwendungsbezogen sein muß. Es kann nicht im luftleeren Raum stattfinden, denn dann hätten wir eine 'Medizinische Kerninformatik' und das brauchen wir ja meiner Meinung nach nicht. Die Entwicklungen, die immer wieder entstehen, müssen nämlich letztendlich in der Praxis realisierbar sein. Sie müssen von den Mitarbeitern, die damit umzugehen haben, gleichgültig, ob das Schwestern, Ärzte oder anderes medizinisches Personal oder Hilfspersonal ist, angenommen werden. Und hier muß eben auch die ganze Frage der Psychologie von Systemeinführungen immer wieder mit berücksichtigt werden. Dazu kommt dann noch, was Herr SEEGMÜLLER sagte, die Durchführung der Algorithmisierung in den Bereichen, wo sie machbar ist. Selbstverständlich ist das richtig, aber es gibt gerade in der Medizin auch noch einige Bereiche, wo es

*Probleme bei der Einführung neuer Systeme*

eben nicht machbar ist. Auch die sind von uns zu berücksichtigen, so daß wir also bei Abgrenzungen insgesamt gesehen sehr vorsichtig sein müssen.

GUMIN:
Ich möchte einige Worte zu dem Thema 'Medizinische Informatik' aus der Sicht der 'Allgemeinen Informatik' sagen.
Es scheint wohl hier eine generelle Tendenz zu geben, sich
dem Scenario B des Herrn ÜBERLA zuzuwenden. Ich tendiere
im Prinzip, jedenfalls was die Med. Informatik betrifft,
auch in diese Richtung, möchte jedoch auf einen Punkt hinweisen, der in diesem Zusammenhang bedeutsam zu sein
scheint. Ich stolperte über einen Satz im Scenario B von
Herrn ÜBERLA: "Die Routineanwendung der Technologie erfolgt
in zentralen Einrichtungen ". Ich möchte eine Tendenz in
der Informatik, die ich über die letzten zehn Jahre hin
verfolgt habe, deutlich aussprechen. Ich bin der Meinung,
daß das Hilfsmittel Datenverarbeitung ein Hilfsmittel sein
muß, das in verschiedenen Disziplinen auch dem Mann, der          Hilfsmittel
in dieser Disziplin zu Hause ist, an die Hand gegeben wer-        Datenverarbeitung
den muß, so daß er mit diesem Hilfsmittel Datenverarbeitung
umgehen kann. Das schließt nicht aus, daß es ein Forschungs-
und Arbeitsgebiet Informatik gibt, ähnlich wie es neben
den Physikern, die auch Mathematik können müssen, mathematische Institute gibt, die sich mit diesem Thema Mathematik im generellen auseinandersetzen. So muß vermieden
werden, daß sich die Informatiker in der Medizin, wie auch
die Informatiker in anderen Bereichen, sozusagen in isolier-
ten Bereichen, etwas entfernt von den Anwendungen, von den
Praktikern - Herr EHLERS hat das vorhin gerade formuliert -
bewegen.

Ich meine also, daß wir uns dahin bewegen müssen, dem
normal Auszubildenden einer Disziplin X auch eine gewisse
Grundmenge von Wissen aus dem Gebiet der Informatik in sein
Fachgebiet mitzugeben, so daß er mindestens in der Lage
ist, die Grundsätze des Einsatzes dieses Hilfsmittels zu
verstehen.

REICHERTZ:
Ich würde dem gern noch etwas hinzufügen. Die Anwendung von
Rechnern und Kleinrechnern erfolgt, projiziert auf die

nächsten 10 Jahre, zunehmend autonom in den einzelnen Abteilungen. Die Verbreiterung des allgemeinen technischen Wissens im Hinblick auf die Anwendung von Computeranlagen macht es nicht mehr erforderlich, hierfür zentrale Einrichtungen zur Verfügung zu stellen. Institute, die dann das Fach der medizinischen Informatik vertreten, haben im Lehrangebot die nötigen theoretischen und praktischen Grundlagen zu liefern.

*DV-Wissen bei den Anwendern*

ÜBERLA:
Herr JAHN, Sie sehen die Frage sicher unter dem Gesichtspunkt der Epidemiologie und des methodischen Ansatzes aus einem ganz anderen Blickwinkel. Haben Sie eine Bemerkung zu der bisherigen Diskussion?

JAHN:
Nicht als Epidemiologe, aber als Sozialmediziner habe ich erhebliche Einwendungen. Ich habe versucht, mir die beiden Scenarien wirklich 10 Jahre voraus zu vergegenwärtigen und die Alternativen in den Blick zu fassen. Dann muß ich aus der Perspektive des Sozialmediziners dem Scenario A unbedingt den Vorrang geben. Hätte man die Wahl zwischen Informatik nur als methodenorientiertes Fach, oder andererseits die Alternative, ein Fachgebiet der reinen Anwendungsorientierung, so muß ich sagen - 10 Jahre voraus - glücklicherweise haben wir dieses Scenario A erreicht und damit der Datenverarbeitung in der Medizin die Möglichkeiten eröffnet, die sie heute 1976 - auf 1986 projiziert - in sich trägt. So alternativ geht es in der Lebenswirklichkeit nicht. Ich glaube nicht, daß man deswegen bei denen, die hier dem Scenario B den Vorrang gegeben haben, Trübsal blasen muß, aber ich meine, wenn sie die Alternative ernst nehmen wollen, dann muß gerade die Datenverarbeitung im Gesundheitswesen dem Scenario A den Vorrang geben, einfach um das ganze durchzusetzen, was man nur mit Hilfe einer weitverbreiteten angewandte Informatik erreichen kann.

*Die Zukunft liegt in der Methodik*

EHLERS:
Wenn ich Herrn JAHN folgen würde, dann müßte ich sagen, das Scenario A kann sicherlich erst dann erreicht werden, wenn das Scenario B durchlaufen ist. Ich glaube, das werden wir alle nicht erleben. Wir werden an dem Punkt sicherlich beim dritten Thema nochmal einhaken müssen, denn über den Zustand

in 10 Jahren kann von uns keiner etwas sagen, da wir ja
nicht als Nornen hierher berufen worden sind.

ÜBERLA:
Wie sieht dann die Angelegenheit unter dem Gesichtspunkt
der Biostatistik oder des methodenorientierten Fachgebietes aus. Vielleicht darf ich Herrn KOLLER fragen, welche Bemerkungen er dazu machen könnte.

KOLLER:
Ich habe vorhin gerade die Sätze mit besonderer Aufmerksamkeit gehört, die etwas auf die Definition gehen. Es handelt sich um die Realisierung medizinbezogener Algorithmen,
das ist einerseits gesagt worden und dann sagte Herr
REICHERTZ, es handelt sich darum, ärztliche Handlungspro-
zeße darzustellen und gegebenenfalls in sie einzugreifen.
Und damit kommt ja eine außerordentliche Weite in das ganze Gebiet hinein und damit letzten Endes die Möglichkeit
eines Scenarios D, in dem die medizinische Informatik, weil
sie an der Quelle, am Hebel sitzt, die anderen Gebiete in
sich einschließt. Statistik, das machen wir mit, Dokumentation machen wir sowieso und alle diese anderen Dinge werden dann Teilgebiete der aktivsten Gruppe, das sind die, die
über die Maschinen verfügen. Provokatorische Frage nach
Scenario D.

ÜBERLA:
Die Frage ist, Herr KOLLER, ob es wirklich so ist, daß die
aktivste Gruppe jeweils über die Maschinen verfügen muß.

REICHERTZ:
Ich bin der Hoffnung, Herr KOLLER, daß der Besitz der Maschinen allein in Zukunft nichts mehr über die Qualität der
Informatik aussagt. Außerdem möchte ich schärfstens widersprechen, daß die biomedizinische Statistik von der Informatik als etwas Untergeordnetes zu betrachten sei. Ich bin
der Meinung, daß es sich hier um verschiedene Methoden und
verschiedene Ziele handelt, die auch als solche weiter
nebeneinander zu bestehen haben und ihre eigenen Anwendungs-
bereiche finden. Sicher ist die von mir etwas global ge-
machte Aussage "in den Entscheidungsprozeß einzugreifen"
auch auf viele andere Dinge möglich und anwendbar. Was ich
damit aber meinte, war eben die formale Darstellung des

Entscheidungsablaufs und die Möglichkeit, ihn damit zu
analysieren und zu vergleichen und auch auf seine Effizienz
zu prüfen, wobei sicher in diesem Zusammenhang der Statistiker und der Informatiker zusammenarbeiten müssen, da diese
beiden Fachgebiete heute nicht mehr optimal von einem übersehen werden können.

ÜBERLA:
Die technischen Lösungen werden natürlich auch teilweise
davon bestimmt werden, wie sich das Fachgebiet als Wissenschaft entwickelt. Ich möchte damit zum zweiten Themen-
kreis überleiten, nämlich zu den möglichen technischen Lösungen. Beginnen wir wieder mit 2 Alternativen, 2 Scenarien:

Das eine, nennen wir es Scenario A 'Mittelgroße und große
Rechner spielen in der medizinischen Datenverarbeitung
keine Rolle mehr. Die Miniaturisierung hat zu in sich ge-
schlossenen, aufgabenbezogenen Systemen geführt, die, wo
nötig, netzförmig verbunden sind. Auch große Datenbanken
werden von Mini- oder Mikro-Prozessoren verwaltet. Diese
technische Dezentralisierung, verbunden mit einer organisatorischen Dezentralisierung, wirkt als Datenschutz'.

Meine andere Alternative auf dem technischen Sektor: 'Mittelgroße und große Rechner sind weiterhin die zentralen
Kerne für Einrichtungen der medizinischen Datenverarbeitung.
Sie werden ergänzt durch Mini- oder Mikro-Prozessoren
mit speziellen Aufgaben und einer wesentlich breiteren An-
wendungspalette als heute. Datenbankaufgaben und wissenschaftliche Berechnungen werden aber weiterhin von den Nach-
folgern der herkömmlichen Rechner ausgeführt und bewältigt'.
(Scenario B)

Dies sind zwei mögliche technische Entwicklungen, es gibt
eine ganze Reihe andere.

Vielleicht beginnen wir wieder damit, daß wir - um nicht
betriebsblind zu sein - einen außerhalb der Medizin Stehenden, der als Technologe die Entwicklung der industriellen
Seite überblickt, fragen: Wie ist, Herr GUMIN, ganz allgemein die Entwicklung auf dem Sektor der Mini- und Mikro-
Computer?

GUMIN:

Ich gebe zu, daß mir der Zeitraum von zehn Jahren in Ihrer
Überschrift einige Sorgen gemacht hat. Immerhin ist die Datenverarbeitung die innovationsfreudigste Technik, die wir
in der Elektrotechnik haben. Eine Prognose über zehn Jahre
ist für dieses Gebiet besonders schwer. Vergleichen Sie
bitte den Stand der Technik der Datenverarbeitung von vor
zehn Jahren mit dem heutigen Stand.

Ich möchte mich deswegen als Naturwissenschaftler und Hersteller beschränken und die nächsten fünf Jahre näher in die
Diskussion einbeziehen. Die nächsten fünf Jahre kann man
aus unserer Sicht sehr genau überblicken, denn Techniken,
die in fünf Jahren auf den Markt kommen werden, müssen
heute in den Laboratorien in Ansätzen vorhanden sein. Natürlich hat ein Anwender eigene Gesichtspunkte zum Thema
"Mini-, Mittelgroß- und Großrechner", die sicher in der
Diskussion hier noch einmal zum Ausdruck kommen werden.

Ich werde das Thema im wesentlichen aus der Sicht eines
Herstellers betrachten. Meine Prognose für die nächsten
fünf Jahre beruht auf gewissen Annahmen und gewissen Definitionen von Minicomputern bzw. Mittelgroß- und Großrech-
nern. Ich halte mich an die Definition der Firma Diebold,
die im Grunde genommen die Größenklasse abhängig macht von
der monatlichen Miete oder dem Kaufpreis einer solchen Anlage.

Diebold hat kürzlich die Größenklassen I, II, III eingeführt:

I:    Kaufpreis bis DM 250.000,--,
II:   Kaufpreis zwischen DM 250.000,-- und DM 1.000.000,--
III:  Kaufpreis über DM 1.000.000,--.

Das, was gemeinhin heute als Minicomputer verstanden wird,
liegt nach dieser Statistik in der Größenklasse I.

Die Prognosen für das Jahr 1980 sehen nun so aus, daß die
Größenklasse I etwa mit 15% im Jahr wachsen wird, die
Größenklasse II um 17% je Jahr und erstaunlicherweise die
Größenklasse III immer noch mit 9% je Jahr.

Zu den Prozentwerten gehören natürlich in unserer Betrach-

tung auch die Absolutwerte. In der Bundesrepublik werden
1980 in der Größenklasse I Anlagen im Werte von 8 Mrd. DM
installiert sein, in der Größenklasse II im Werte von
11 Mrd. DM, in der Größenklasse III im Werte von 23 Mrd. DM.
Der Zuwachs in der Größenklasse III von 1975 bis 1980 ist
also größer als der Bestand der Größenklasse I im Jahre
1980. Es ist außerdem bei diesem Thema noch zu bedenken,
daß in der Größenklasse I auch Terminals eine gewisse Rolle
spielen, so daß ich nach dem, was ich an Zahlen heute vorliegen habe, dem Scenario B von Herrn ÜBERLA anhänge, also
"mittelgroße und große Rechner werden ihre Bedeutung in der
Datenverarbeitung behalten".

*Gleichbleibende Bedeutung der Großrechner*

Woher kommt das überproportionale Wachstum in der Größenklasse I?

Bei den Herstellern hat heute die Aufgabe, die Datenverarbeitung verstärkt an den Arbeitsplatz heranzutragen, hohe
Priorität. Das bedeutet die Installation von Terminals mit
mehr oder weniger Intelligenz, die Errichtung von On-line-
Anschlüssen an mittelgroße und große Datenverarbeitungsanlagen u.s.f. Viele dieser Geräte werden in der Größenklasse I geführt.

*Datenverarbeitung am Arbeitsplatz*

In fast allen Fällen, die wir in der Vergangenheit studiert
haben, ergibt sich, daß wir die Datenverarbeitung am Arbeitsplatz im Hintergrund durch Datenverarbeitungsanlagen zu unterstützen haben, die Dateien, Datenbanken und vieles andere
mehr gespeichert haben. Ohne die mittelgroße und große Datenverarbeitung im Hintergrund ist eine Datenverarbeitung am
Arbeitsplatz oft nicht möglich.

Zwei weitere Aspekte, die aus der Technik kommen, möchte
ich noch anführen. Es ist immer noch so, daß die Kosten für
eine ausgeführte Operation in mittelgroßen und großen Datenverarbeitungsanlagen niedriger sind als in Mini-Computern. Das gleiche gilt für den Speicherplatz etwa für ein
Byte in einer Datenverarbeitungsanlage.

*Höhere Kosten pro Operation in Mini-Computern*

Auf ein anderes schwieriges Thema möchte ich außerdem noch
hinweisen. Die Datenverarbeitungskosten bezogen auf eine
ausgeführte Operation oder ein gespeichertes Zeichen haben
sich in der Vergangenheit alle sechs Jahre um den Faktor 2

reduziert. Es gibt keinen Grund anzunehmen, daß sich die
Reduktion nicht auch in der Zukunft fortsetzen wird. Ein
ähnlich starkes Absinken der Datenübertragungskosten jedoch haben wir nicht feststellen können. Es ist auch in Zukunft nicht damit zu rechnen. Das heißt, daß wir bei sinken-
den Datenverarbeitungskosten nahezu konstanten Datenübertragungskosten entgegensehen, daß sich also der prozentuale
Anteil der Datenübertragungskosten an den Gesamtkosten der
Datenverarbeitung erhöhen wird.

*Steigender Kostenanteil der Datenübertragung, fallender Kostenanteil für Datenverarbeitung und -speicherung*

Ich meine daher, daß das Scenario B mit großer Wahrscheinlichkeit für die nächsten fünf Jahre zutreffend ist. Aus
meiner Sicht wird Scenario B mit großer Wahrscheinlichkeit
auch in den nächsten zehn Jahren richtig sein. Dies schließt
nicht aus, das mittelgroße und große Datenverarbeitungsanlagen in Zukunft anders aufgebaut sein werden als heute, z.
B. unter starker Verwendung von Mikro-Prozessoren.

ÜBERLA:
Ich würde vielleicht vorschlagen, daß zuerst Herr SCHUSTER
etwas sagt unter dem Aspekt der anwendungsbezogenen Seite,
etwa bei DOMINIG, und daß wir dann Herrn SEEGMÜLLER noch-
mals bitten, etwas aus seiner Sicht dazu zu sagen.

SCHUSTER:
Ich habe wieder ein Scenario C vorzustellen unter dem Gesichtspunkt eines realistischen Trends, nicht als etwas,
was ich mir persönlich so wünschen würde.

Erstens wird in 10 Jahren voraussichtlich weder Scenario A
noch B in Reinkultur existieren, sondern es werden Regionalverbände von Minis und Maxis etabliert werden. Warum Maxis?
Das eine hat Herr GUMIN, obwohl es nicht abgesprochen war,
klassisch dargestellt. Ich glaube, die wirtschaftlichen
Interessen der Main-framers sind so, auch wenn ich ihm tech-
nologisch widersprechen müßte bezüglich der Ökonomie und
Machbarkeit der Minis. Jedenfalls werden Main-framers dafür
sorgen. Herr GUMIN hat sehr schöne Zahlen dafür genannt, daß
auch in 10 Jahren das Geschäft mit den Maxis weiterblühen
wird.

*Regionalverbände von Mini- und Maxi-Computern*

Zweitens sind, das sollte man nicht unterschätzen, auch die
legalistischen Interessen der Administration nicht für Minis,

sondern für Maxis. Dies ist die erste Aussage und die zweite Aussage ist - bitte nicht was ich mir wünsche, sondern
was ich für realistisch halte - trotz DOMINIG wird auch in
10 Jahren das Problem des Schutzes medizinischer Daten auf
dem Zentralrechner nicht befriedigend gelöst sein werden.



SEEGMÜLLER:
Die Frage, 'Großrechner oder Kleinrechner', ist meiner Meinung nach weitgehend unabhängig davon, ob man jetzt das
Einsatzgebiet der Medizin oder ein anderes Einsatzgebiet
hernimmt. Wenn wir in einer Art Gedankenexperiment davon
ausgehen, wie sich das aufgrund der Beobachtungen, die man
an heutigen Systemen aus mittleren oder größeren Rechnern
macht, weiter entwickeln könnte, dann kann man feststellen,
daß an solche Systeme typischerweise durch die umgebende
Organisation immer neue Anforderungen gestellt werden. Das
führt dazu, daß man immer mehr Geräte an diese Systeme hin-
hängt, daß man immer mehr über Terminals machen will. Nach
kurzer Zeit hat man die Situation, daß das System den Anforderungen nicht mehr genügt. Es wird eine zeitliche
Streckung der Durchführung der anstehenden Aufgaben zwangsweise vorgenommen, man bekommt schlechte Antwortzeiten. Das
ist etwas, was bei Großsystemen oder mittleren Systemen nach
einiger Zeit fast immer passiert. Ich würde das auch für
das zentrale System, das Sie hier im Hause haben, prophe-
zeien.

Nun, wie versucht man, da herauszukommen? Die bisher üb-
liche Antwort war immer, daß man eine größere Zentraleinheit einsetzt und auf diese Weise das Problem zu lösen versucht. Temporär geht das auch. Im Grunde genommen verwendet man damit einen großen hochgezüchteten Gleitkomma-Pro-
zessor für Aufgaben, die vielfach so trivial sind, daß man
ihn dafür nicht bräuchte. Viele Rechenzentren sind deswegen
dazu übergegangen, gewisse Vorrechner oder wie immer die
Geräte bezeichnet werden, dazuzuschalten, bei denen trivi-
ale Aufgaben entweder vorverarbeitet oder völlig erledigt
werden. Man kann das natürlich weiter treiben. Ich möchte
hier ganz kurz stichwortartig über einen Versuch berichten,
der bei mir in meinem Institutsbereich gemacht wurde. Es
wurde eine Untersuchung in einem großen Industriebetrieb
durchgeführt, der heute eine mittlere Rechenanlage hat und sei-

ne Aufgaben überwiegend mit Stapelverarbeitung und teilweise mit etwa 20 Sichtgeräten abhandelt. Die Aufgabe, die ich dem Herrn, der das untersucht hat, gestellt hatte, war, er möge doch mal unter Beachtung der Preisgrenze für dieses System untersuchen, ob man diese Aufgaben, die heute auf dem Großrechner erledigt werden und deren Bearbeitung gewisse Mängel in Bezug auf die Auswirkungen für die ganze Betriebsorganisation zeigt - Warteschlangen, unangenehme Verzögerungen aller möglichen Arten -, ob man da bei gleichem Preis durch ein Mini-Rechnernetz nicht wesentlich bessere Ergebnisse erzielen könnte. Ich möchte vielleicht die Größenordnung des Rechners, der heute bei dieser Firma steht, vorher angeben. Es ist ein Rechner der 150iger Klasse, der vielleicht 1 Mill. Operationen in der Sekunde macht und ungefähr mit der gesamten Peripherie 7 - 8 Mill. kostet. Wenn man das nun mit Minirechnern ebenfalls zu erreichen versucht, dann stellt man fest, daß man für den gleichen Preis eine Konfiguration bekommt, die ein Vielfaches der Leistung des Großrechners erbringt. Es stellt sich heraus, daß man ungefähr 7 - 8 größere Minis und etwa 150 kleine Minis einsetzen und mit den Sichtgeräten auf etwa 200 Stück gehen kann. Man kann auch feststellen, daß auf diese Weise in großem Umfang die Aufgaben schneller erledigt werden, daß es bezüglich der industriellen Organisation, die dahinter steht, wesentlich weniger Engpässe gibt, daß das Ganze viel besser der Organisation im Betrieb angepaßt ist. Es gibt nur einen ganz kleinen aber entscheidenden Schönheitsfehler: Die Programmausstattung für eine solche Konfiguration existiert nicht. Das ist das Problem dabei und deswegen muß das Experiment an dieser Stelle jetzt abgebrochen werden.

Große Leistungsfähigkeit, aber fehlende Programmausstattung für Mini-Rechnernetze

Ich möchte aber noch folgendes bemerken: Großhersteller werden sich in steigendem Maße dieser Konkurrenz, diesen Möglichkeiten aggressiver mittlerer und kleinerer Hersteller ausgesetzt sehen, die mit Teillösungen daher kommen.

Was kann man als Großhersteller dagegen tun? Großhersteller ist übrigens meine Übersetzung für Mainframers. Das Problem, das sich stellt, ist, daß man viele relativ einfache Aufgaben in heutigen Rechnern im Mehrprogrammbetrieb nicht mit der genügenden Geschwindigkeit abarbeiten kann. Man simu-

liert Parallelität durch zeitraubende Sequentialisierung.
Was man also tun sollte, wenn man relativ breit über einen
Datenpfad hereinkommt, wobei jeder Faden in diesem Strom
relativ wenig Anforderungen stellt, ist, daß man dort soweit wie möglich, zum Beispiel mit Mikro-Prozessoren oder
mit Minirechnern Vorarbeiten leistet, so daß viele Aufgabenstellungen gar nicht bis in das Zentrum kommen, wo heute
der hochgezüchtete Gleitkomma-Jumbo mit Dingen beschäftigt
wird, für die er ja eigentlich gar nicht gebaut ist. Und
deswegen wird sich für Großhersteller meiner Meinung nach
das Problem stellen, vor oder hinter der Blechwand Minis
einzubauen, die in irgendeiner Form diese breiten Datenpfa-
de abarbeiten. So kann man der steigenden Tendenz zur Vernetzung und zur Vielfachbenutzung durch echte Parallelität
Rechnung tragen. Es ist doch so, daß man vielfach für diese Aufgaben nur ganz kleine Apparate braucht. Sie brauchen
keine Gleitkomma-Einrichtungen, sie können aus der von
Herrn GUMIN nicht erwähnten und hier jetzt eingeführten
Klasse Null stammen, die vielleicht bis 20.000,-- oder
30.000,-- DM geht. Wenn Sie davon einige Exemplare vor-
schalten, bekommen Sie einen wesentlich besseren Effekt,
als wenn man den Hauptrechnerkern in seiner Leistung um den
Faktor 2 oder 3 erhöht. Man muß von dieser heutigen Nadel-
öhrmaschine wegkommen zur echten Parallelität mit einfachen
Prozessoren. Aus Preisgründen wird sich das in Zukunft machen lassen. Und deswegen glaube ich, daß aus der vorder-
gründigen Frage: Minirechner versus Großrechner im Grunde
genommen die Forderung abgeleitet werden sollte, und das
ist nun meine These: stärkere Parallelisierung mit billig-
sten Mitteln. Das ist, glaube ich, im Zusammenhang mit Netz-
werken das Entscheidende.

JAHN:
Ich meine, daß es sehr nützlich ist, die Datenverarbeitung
in der Medizin oder wie Sie gesagt haben, die 'Medizinische
Datenverarbeitung' in den großen Rahmen der allgemeinen Entwicklung zu stellen. Dennoch sollte man zu dem Thema 'medizinische Datenverarbeitung' zurücklenken. Hier habe ich Sie
im Verdacht, Herr ÜBERLA, daß Sie sich sehr lebensnah bei
der Abfassung der beiden Scenarien an unserem DOMINIG orientiert haben, denn dort haben wir ja den Kampf, die Ausein-
andersetzung, unmittelbar vor uns. Es ist kein Geheimnis,

daß eines der Teilvorhaben dazu tendiert, sich auf den möglichst kleinen Bereich unter dem Gesichtspunkt eines maximalen Datenschutzes zu konzentrieren. Und dies sollten wir hier wohl auch im Auge behalten, bei allem Respekt vor Diebold und Klassenbildung.

Gegenwärtig haben wir 54.000 niedergelassene Ärzte, die alle potentielle Datenverarbeiter sind und in 10 Jahren sicherlich zu einem großen Teil faktisch Datenverarbeiter sein werden, wenn die Hersteller mitgehen und diesen Markt ernst nehmen. Herr GUMIN hat dazu nichts gesagt, vielleicht kann er das noch tun. Ich hätte gewünscht, daß gerade ein deutscher Hersteller zu diesen Problemen des Marktes in dem Gesundheitswesen, in der medizinischen Versorgung sich geäußert hätte. Vielleicht sind es in 10 Jahren 60 oder einige mehr Tausend ärztliche Praxen. Erfolgt deren Datenverarbeitung in der Richtung des Konzepts von DOMINIG III - soweit man davon jetzt schon reden kann - dann muß man sagen, ist der Datenschutz auf der Basis des Minirechners, des kleinsten erreichbaren Modells gesichert. Sie machen alles still für sich und haben nur ihren Abrechnungsdraht zu der Kassenärztlichen Vereinigung. Dies ist gar nicht politisch, sondern unter dem Gesichtspunkt des Anwenders gesehen. Damit ist, meine ich, ein großer Teil des Bedarfs gedeckt, aber die 'medizinische Datenverarbeitung' stirbt dabei. Das zu Ende gedacht - und dies macht, Herr ÜBERLA, Ihre Alternativen so reizvoll - sollte man der Marktanalyse von Diebold und der Vorausschau für 5 Jahre des Herstellers entgegensetzen. Ich meine, dann sieht man, wo eigentlich hier Weichen gestellt werden müssen.

GUMIN:
Ich hatte ausgeführt, daß es aus unserer Sicht eines der großen Themen ist, die Datenverarbeitung an den Arbeitsplatz heranzubringen. Ich glaube, das deckt sich auch mit den Ausführungen über die echte Parallelität, die Herr SEEGMÜLLER gemacht hat. Man macht die Datenverarbeitung im Prinzip dort, wo man sie machen kann und vermeidet große Systeme, etwa in Richtung der großen Gleitkomma-Rechner.

In diesen Bereich der 'Datenverarbeitung am Arbeitsplatz' fallen, aus meiner Sicht gesehen, Herr JAHN, auch die 60.000 niedergelassenen Ärzte. Sie brauchen tatsächlich ei-

ne gewisse Menge Datenverarbeitung am Ort selbst. Ich habe
versucht auszuführen, daß hinter den 60.000 niedergelassenen
Ärzten und der Datenverarbeitung, die bei Ihnen betrieben
wird, nach unserer Erfahrung tatsächlich mittelgroße oder
große Datenverarbeitungsanlagen stehen müssen, da die Arbeiten, die für die niedergelassenen Ärzte durchgeführt
werden müssen, nicht alle am Ort durchgeführt werden können.
Ich denke da z.B. an kassenärztliche Abrechnungen, an das
Verfügen über Dateien und ähnliches mehr. Ich meine folgende Tendenz zu sehen: Datenverarbeitung am Arbeitsplatz und
Back-up durch mittelgroße und große Datenverarbeitungsanlagen. Ich meine ferner, und das war mein Hinweis, den ich
auch nicht beliebig ausweiten will, daß dieser Vernetzung
und Vermaschung auch von der Gebührenseite der Datenübertragung in Zukunft gewisse Grenzen gesetzt werden.

REICHERTZ:
Die Diebold-Prognose zeigt ja an und für sich, daß ein Markt
für beide da ist und Minis oder Midis in einen Bereich
hereindringen, der nicht alternativ zu dem Großrechner zu
sehen ist, sondern tatsächlich neue Bereiche öffnet und
neue Möglichkeiten zum Einsatz bringt. Die Beobachtungen
und die eigenen Erfahrungen der letzten Jahre, die so ganz
typisch mit den von Herrn SEEGMÜLLER gemachten überein-
stimmen, nämlich der Zuschaltung der Peripherie, den Anforderungen und dem Niedergehen der entsprechenden Funktionen, sind aber auch noch mit anderen Beobachtungen gekoppelt. Wenn man jetzt anfängt, die in einem Rechner sich
herausbildenden Systeme zu betrachten, merkt man, daß eine
sehr starke Zentrifugaltendenz von Subsystemen erkennbar
ist, daß sich gewisse Unabhängigkeiten herausbilden, die
versuchen, nach ihren eigenen Gesetzlichkeiten zu leben.
Das werden die möglichen Anwendungen für Satelliten-Kon-
struktionen zum Übertragen auf die Minis sein. Die große
Schwierigkeit, - Herr SEEGMÜLLER nannte vorhin die Programmierung - liegt auch zusätzlich in einer systemtechni-
schen Schwierigkeit. Zu der Definition von Systemen gehört
nicht nur die Definition von Elementen, sondern auch die
der Kommunikations-Kanäle, die möglichst in geringem Umfang
zwischen Subsystemen eines Systems geschnitten werden sollten. Es ist eine wesentliche Aufgabe der medizinischen Informatik, zu untersuchen, wie die herkömmlichen Systeme,

die traditionell meistens "parasität" oder bestenfalls "parabiontisch" gewachsen sind, nun tatsächlich nebeneinander in den Konstruktionen des Gesundheitswesens stehen. Können sie nicht umstrukturiert werden, so daß es möglich ist, eine optimale Abgrenzung der Aufgaben vorzunehmen, die dann auch wieder an eigene Bereiche übertragen werden kann? Ich meine aber, im Hintergrund sollte immer wieder das Prinzip der funktionalen Zentralisierung stehen, nämlich die Verwaltung dieser Informationsmengen in sinnvoller Form, so daß auch hier in der einen oder anderen Weise der Großrechner seine Funktion in einem Netzwerk behalten wird. Ein Teil dieser Funktion wird sein, die Verbindung zwischen den einzelnen Subsystemen herzustellen, wobei sicher auch zu bedenken ist, daß eine Netzwerkstruktur ohne große Kosten der Datenübertragung innerhalb geographisch abgegrenzter Räume möglich sein muß, wie wir sie in solchen Einrichtungen, wie diesem Großklinikum hier sehen und in Zukunft noch mehr sehen werden.

*Probleme der Struktierung medizinischer Subsysteme*

*Geringere Datenübertragungskosten in abgegrenzten Räumen*

ÜBERLA:

Wir haben mit Herrn KNEDEL einen Mann unter uns, der Erfahrungen mit der Mikro-Miniaturisierung im Laborbereich hat. Wie sieht diese Angelegenheit unter dem Blickwinkel der Automatisierung des Labors aus?

KNEDEL:

Bei uns ist das vielleicht, wenn ich diese ganze Diskussion betrachte, ein klein wenig anders. Wir sind im Zwang einer Aufgabenstellung und deren Erfüllung. Bei uns ist das oberste Gesetz, daß wir ein System schaffen müssen, das absolut ausfallsicher ist. Wir haben daher lieber zwei kleine Rechner, als einen Großrechner, die wir miteinander in den Aufgaben so verbinden, daß, wenn einer ausfällt, der andere immerhin noch in der Lage ist, die vitale Funktion zu gewährleisten.

Das zweite ist eine philosophische Frage in der klinischen Chemie, wie weit wir den einzelnen Arbeitsplatz autonom machen wollen und wie weitgehend ihn autonom machen dürfen. Nicht nur das Wollen ist entscheidend, sondern auch das Dürfen. Insofern kommen wir zwangsweise zu einem Organisationsprinzip, bei dem im Hintergrund nun nicht der Groß-

rechner, sondern einer aus der Diebold-Klasse II steht und
der parallel. Davorgeschaltet existieren zweckmäßige Rechner, wobei wir kleine Miniprozessoren an geeigneten Stellen
mit irgendeinem Exoten - Exote heißt ein a-typisches Gerät - an das System koppeln. Dabei kommt auf uns die Frage
zu, wie weit wir die Schnittstelle, mit der wir arbeiten,
in das Gerät hineinverlagern oder wie weit wir sie aus dem
Gerät zu einer gemeinsamen Schnittstelle für mehrere heraus-
verlagern. Dabei lassen wir uns grundsätzlich von wirtschaftlichen Überlegungen leiten. Das wesentliche ist, daß
wir ein außerordentlich flexibles modulares Programmsystem
bauen, mit dem wir alle diese Organisationsprinzipien bei
einem Minimalaufwand an Programmierung und an Systemüber-
wachung abdecken können. Ich sehe die Zukunft darin, ein
derartiges, kombiniertes System kleiner Mikro-Prozessoren    Rechnerhierar-
normierter Anschaltungen unter der Überwachung von mög-      chien im Labor
lichst billig aber effizient gehaltenen Rechensystemen in
redundanter Form zu halten. Ich bin der absoluten Überzeu-
gung, wenn wir uns diesen Systemen widmen, daß wir in 10
Jahren überall in den Krankenhäusern derartige Systeme haben werden, wie wir sie hier aufbauen, nur mit dem Unterschied, daß sie zwangsläufig erheblich billiger sein müssen.

ÜBERLA:
Lassen Sie uns zu der Frage kommen, wo werden in 5 - 10
Jahren Schwerpunkte der Anwendung liegen? Hierzu wieder
zwei Alternativen: die eine Alternative, 'Die Anwendungen
in Verwaltung und Organisation überwiegen deutlich. Medi-     Dritte Dimension:
zinbezogene Anwendungen, etwa patient care, Diagnosehilfen,   Anwendungen
Risikoregister, haben sich nur dort durchsetzen können, wo
ein Prozeßrechner unmittelbar in den Prozeß eingreift, z.B.
im Labor und in der Computertomographie. Für die Forschung    Verwaltung und
ist die Datenverarbeitung zwar ein wichtiges Instrument,      Organisation
aber es sind keine eigentlichen neuen Durchbrüche durch       oder
die Datenverarbeitung erzielt worden. Der Prozeß der Algo-    medizinbezogene
rithmisierung der Medizin, wie es vorhin formuliert worden    Anwendungen?
ist, ist stecken geblieben'. (Scenario A)

Die andere mögliche Entwicklung: 'Die Anwendungen in Verwaltung und Organisation sind reduziert, standardisiert
und laufen überall in Routine. Man muß sich, wie um
alle eingefahrenen Verwaltungsroutinen, nicht mehr darum

bemühen. Die medizinbezogenen Anwendungen stehen im Vordergrund, nicht nur durch spezielle Systeme wie in der Computertomographie oder im Labor. Die allgemeine Auskunftsmöglichkeit über Risikofaktoren und Patientenvorgeschichte ist bereits realisiert; Faktenbanken, Diagnosehilfen stehen im Dialog zur Verfügung. Für die medizinische Forschung sind echte Durchbrüche mit Hilfe der Datenverarbeitung erreicht worden, z.B. über Simulationen und komplexe Modelle, aber auch über epidemiologische Studien und medizinische Datenbanken'. (Scenario B)

Beide Alternativen sind sicher heterogen und nicht spektralrein. Vielleicht kann uns dazu Herr KOLLER aus seiner langjährigen Forschungserfahrung sagen: Wie sehen Sie die Anwendung der Datenverarbeitung in der Forschung für die nächste Zukunft?

KOLLER:
Natürlich ist es sehr schwierig darüber zu sprechen, was ein Durchbruch in der Forschung ist. Aber wir sollten uns einmal im einzelnen ansehen, wie die Forschung vorangehen kann.

Betrachten wir einmal die Laborwerte. Die Laborwerte werden in ausgezeichneter Weise und mit immer größerer Präzision und Richtigkeit bestimmt. Zudem wissen wir aber, daß es viele Einflußfaktoren individueller Art gibt, nicht nur Alter, Geschlecht und Körperbau, sondern ob der Patient einen Tag vorher ein Medikament genommen hat, ob er gut geschlafen hat, wann er aufgestanden ist usw. Für die Diagnostik brauchen Sie eigentlich für jeden einzelnen Kranken den Bezugswert von vergleichbaren Gesunden, damit Sie die Abweichung modellmäßig beurteilen können. Dazu haben wir längst die Abkehr von Normalbereichen realisiert und verwenden jetzt Bezugsbereiche und Bezugsfälle. Eigentlich brauchen wir für einen Patienten, der im Februar untersucht wird - im Juli wäre es etwas anderes -, der Raucher ist, der vor drei Wochen aus dem Hochgebirge gekommen ist und der jetzt hinsichtlich eines Laborwertes beurteilt werden soll, Bezugsfälle von Gesunden unter den entsprechenden Nebenbedingungen. Da wir inzwischen wissen, daß die Nebenbedingungen außerordentlich wichtig sind, und wir - um es einmal so auszudrücken - durch Berücksichti-

gung dieser individuellen Faktoren den interindividuellen
Variationsbereich oft auf dreiviertel, manchmal sogar auf
die Hälfte einengen, d.h. die diagnostische Trennschärfe
wesentlich heraufsetzen könnten, kommt jetzt das Problem,
daß wir die Verwertbarkeit der so ausgezeichnet gewonnenen
Laborwerte entsprechend verbessern müssen. Damit tritt ein
rein statistisches Datensammlungsproblem auf, das in dem
erforderlichen Umfang nur mit Computerhilfe realisiert werden kann. Wir brauchen Faktenbanken im überregionalen Verbund, um überhaupt an solche Dinge herangehen zu können, um
die patientenbezogene Verbesserung der Nutzung der so guten
Beobachtungswerte zu ermöglichen.

Wie sieht es sonst in empirischen Wissenschaften aus? Wo
liegen die Fortschritte? Fortschritte liegen immer dort,
wo Typologien entwickelt werden. Die Typologie ist in einer empirischen Wissenschaft die Grundlage für neue Erkenntnisse, für neue Aspekte, generell für wissenschaftlichen Fortschritt. Typologien haben wir in der Medizin
schon in großer Zahl, aber sicher noch nicht bis in alle
Verzweigungen und alle Möglichkeiten ausgeschöpft: diagnostische Typologien, Typologien der Reaktion, Typologien des
Verhaltens, Typologien des zeitlichen Verlaufs. Das sind
wiederum Probleme, die wir mit Computern und mit großen
Datensammlungen angehen können.

Wie ist es denn bisher in der diagnostischen Forschung gewesen? Wir suchen nach der Überlegenheit eines Mittels
über ein anderes, als ob alle Menschen gleichmäßig auf ein
Mittel reagieren würden und es nicht Reaktionstypen gäbe.
Denken wir an die Probleme in der Vorsorgemedizin. Worin
unterscheidet sich gerade die Vorsorgemedizin von anderen,
etwa von der Diagnostik? In der Diagnostik gibt es die einfache Matrix: in der einen Achse die Diagnosen, in der anderen die Symptome. Wenn wir die Symptomatologie haben,
dann ist die Achsenänderung die Diagnostik. In der Vorsor-
ge ist es komplizierter. Wenn wir Risikofaktoren, auch zu-
sammengefaßte Risikofaktoren erkannt haben, sind die Vor-
beugungsmaßnahmen durchaus nicht sicher abzuleiten, denn
die Menschen reagieren ja nicht gleichmäßig. Gerade das
Individium und sein Verhalten ist in der Vorsorgemedizin
das unbekannte Etwas, von dem wir überhaupt noch nichts

wissen und die Typologie nicht kennen. Auch hier ist wieder die neue Dimension, die ins riesige gesteigerte Datensammlung und Auswertung notwendig.

Auswertung<br>riesiger<br>Datensammlungen

Ob Sie das als Durchbruch bezeichnen, ist etwas anderes. Aber es ist ein neuer, m.E. ganz wesentlicher Aspekt, der nur mit außerordentlich großen Datensammlungen, statistischen Durcharbeitungen und der Hilfe von Computern geschafft werden kann.

REICHERTZ:

Das,was Herr KOLLER gesagt hat, ist voll zu unterstreichen. Ich wollte, da ich die drei Dinge, die Herr ÜBERLA genannt hat: Verwaltung, Medizin und Forschung nicht alternativ gegeneinander sehe, zu allen diesen drei Bereichen etwas sagen. Im Hinblick auf die Forschung meine ich, daß einer der wesentlichsten Impulse darin liegen wird, daß die Darstellung von Algorithmen nicht nur ermöglicht, historische Abläufe zu rekonstruieren, sondern auch, in die Zukunft hineinweisend, Abläufe vorauszusagen, sie zu simulieren. Ich glaube, daß die medizinische Informatik in sehr wesentlichen Fällen zu der dritten Hauptfunktion des Informationssystems Medizin - neben der Diagnose und der Therapie - der Prognose kommt, die wir in der modernen wissenschaftlichen Medizin etwas vernachlässigt haben, der Prognose für den einzelnen Krankheitsfall, für den einzelnen Behandlungsfall und damit wiederum zur Individualisierung des Krankheitsablaufes, der therapeutischen Beeinflussung, der Vorausbestimmung des Ablaufes und der Überprüfung von Alternativen. Hier sehe ich wesentliche Momente, von denen wir neue Impulse erwarten können.

Verbesserung der<br>Prognostik durch<br>Algorithmisierung<br>medizinischer<br>Aufgaben

Hinsichtlich der Verwaltung glaube ich, daß sich die Erkenntnis durchsetzen wird, daß im Prinzip Verwaltungs- und Patientendaten eine Einheit und gemeinsam behandelbar sind. Auf diesen gemeinsamen Daten werden die systemanalytischen Betrachtungsweisen der Effizienz des Gesundheitswesens und der einzelnen Patientenbehandlung beruhen. Dessen ungeachtet wird aber bei der zunehmenden Satellitisierung eine geographische, nicht aber funktionale Abtrennung der einzelnen Daten erfolgen können und erfolgen. Es ist sicherlich ein erstrebenswertes Ziel, daß gewisse administrative Aufgaben als Konserven ohne zusätzlichen Input von

Einheit von<br>Verwaltungs- und<br>Patientendaten

seiten der medizinischen Informatik laufen können. Hinsichtlich der einzelnen Anwendungen in der Verwaltung und Organisation werden daher standardmäßige Programme vorliegen,
die die Routineaufgaben erledigen. Sie sind in peripheren
Satelliten darstell- und ohne weitere Betreuung anwendbar.
Aufgabe von zentralen Einrichtungen wird es sein, die genannten Aspekte der Integration durchzuführen und von hier
aus weitere Impulse zu setzen.

*Verwaltung aus der Konserve*

SCHUSTER:
Ich stimme mit Herrn REICHERTZ überein: der Bereich der
Verwaltung der Patientendaten und Organisationsfragen wird
in 10 Jahren als realistisches Ist sehr stark zugenommen
haben. Das hängt u.a. damit zusammen, daß der kurzfristig
sichtbare Erfolg hier eher demonstrabel ist. Die Probleme
sehe ich bei diesen Bereichen darin, im Gegensatz zu
Herrn REICHERTZ, daß die Pflege und Wartung derartiger Verfahren ungeheuer werden, weil der Gesetzgeber im administra-
tiven Bereich nicht ruhen wird, ständig neue Änderungen zu
wünschen. Demgegenüber würde ich meinen, daß bei den medizinischen Subsystemen das eintritt, was Herr REICHERTZ gesagt hat. Wir werden schlüsselfertige Systeme haben, relativ wartungsfrei, so wie wir es in der medizinischen Meß-
technik gewohnt sind. Weiter würde ich Herrn KOLLER zu-
stimmen: es wird in 10 Jahren voraussichtlich medizinische
Faktenbanken geben, aber mit einem etwas anderen Ziel, mehr
im Sinne von Vollständigkeitsüberprüfungen bei Therapie
und Diagnose, weniger im Sinne von Modellbildungen. Dazu
muß ich sagen, daß ich nicht glaube, daß in 10 Jahren der
gewünschte Durchbruch eines Dr. med. Computer stattgefunden
haben wird. Man wird noch stärker als bisher lernen werden,
daß die Assoziationsfähigkeit des menschlichen Gehirns
offensichtlich nicht ohne weiteres abbildbar ist, was ich,
der nebenbei noch ärztlich tätig ist, für ganz tröstlich
empfinde. Die viel relevantere Integration der beiden Bereiche, medizinische und administrative Daten, wird wohl
auch in 10 Jahren noch aus politischen Gründen unterlaufen
werden und nicht stattgefunden haben.

*Pflege und Wartung von Standardaufgaben der Verwaltung sehr aufwendig*

*Schlüsselfertige medizinische Subsysteme*

*Noch keine Integration von verwaltungs- und medizinischen Daten in 10 Jahren*

EHLERS:
Wir müssen doch sehen, daß das gesamte Gesundheitswesen
einen erheblichen Kostenfaktor darstellt und daß die Wirt-

schaftswissenschaften bisher jedenfalls im großen Bogen um
diesen volkswirtschaftlich relevanten Teil herumgegangen
sind. Hier muß eben aufgrund der Daten aus Verwaltung und
Medizin eine Forschung unter dem Gesichtspunkt der Kranken-
hausbetriebswirtschaft durchgezogen werden. Ich bin auch
der Meinung, daß die Datenverarbeitung zum integralen Be-
standteil eines Betriebsablaufes wird. Wenn wir das so sehen, dann ist allerdings eine Reduzierung der Anwendung für
die Verwaltung und für die Organisation nicht denkbar.

Die Vorstellungen von Herrn SCHUSTER halte ich doch für etwas futurologisch. 10 Jahre, um alle diese Dinge durchzusetzen, sind nicht realistisch, vor allen Dingen auch deswegen nicht, weil heute - aus welchen Gründen auch immer -
z.B. auf dem Hochschulbereich die Universitäts-Rechenzentren
in einem hohen Maße der Auffassung sind, daß sie die Datenverarbeitung in der Medizin mitbetreiben können, daß die Mediziner ja bloß ein bißchen was zu rechnen haben und daß
man das auch so mitmachen könnte. Ähnliches gilt allerdings
auch für die Rechenzentren auf Landesebene. Außerdem ist es
nun auch noch so, daß wir, durch was auch immer für Hinter-
gründe oder Gründe, in zunehmenden Maße gedrängt werden, Maschinen zu kaufen. Gerade nach dem, was Herr GUMIN gesagt
hat, ist es doch sinnlos, wenn wir heute gezwungen werden, **Kein Kaufzwang**
in zunehmendem Maße die Maschinen zu kaufen. Dann haben **für Rechner**
wir in 10 Jahren alte Maschinen herumstehen, mit denen wir
mit Sicherheit das nicht machen können, was wir hier eigentlich machen müßten.

ÜBERLA:
Die Situation sieht vielleicht unter dem Aspekt von Förde-
rungsvorhaben wie Dominig wieder anders aus, und ich darf
Herrn JAHN abschließend bitten, vielleicht unter diesem
Blickwinkel noch etwas zu den zukünftigen Schwerpunkten
der Anwendung zu sagen.

JAHN:
Hier muß man sicherlich das Erwünschte, das Machbare und
das voraussichtlich Geschehende auseinanderhalten. Die medizinische Versorgung und die 'medizinische Datenverarbeitung' haben allen Grund für die Datenverarbeitung in den
nächsten 10 Jahren den Kostenfaktor sehr fest ins Auge zu

fassen. Was wir an Kostenbelastungen vor uns haben, kann
sehr leicht - wenn auch vielleicht nicht gerade im Hochschulbereich - schwerwiegende Einbrüche hervorrufen und die
Entwicklung der medizinischen Versorgung, was die Umsetzung
von Innovationen in die Realität des Alltags anlangt, ge-
fährden. Die Verwaltung läßt sich nicht nehmen, zu rationa-
lisieren, auch wenn das viel Geld kostet. Bei knappen
Mitteln könnte dann sehr wohl der Anspruch bestritten werden, Verwaltung und Innovationen in der medizinischen Versorgung gleichrangig zu behandeln.

Hier scheinen Sorgen berechtigt. Es kann sehr wohl so sein,
daß in zehn Jahren die Durchbrüche - die ich mit Herrn
KOLLER für möglich halte - hintan stehen, daß zwar tatsächlich die Routineanwendung für alles das, was mit der Patientenverwaltung zusammenhängt, laufen wird, daß wir aber
in der medizinischen Anwendung sehr viel langsamer voran-
gekommen sein werden und ein Ungleichgewicht entsteht,
nicht davon bestimmt, was machbar ist, sondern von den
Kräften, die darüber befinden, was geschieht.

ÜBERLA:
Gestatten Sie mir, daß ich die Diskussion hier abbreche.
Die Zukunft ist - wie wir gesehen haben - näher als man
glaubt und die Vergangenheit ist weiter weg, als man gern
möchte.

Burgdorf, F.J., Dr. med.
    München, Zentrale Leitstelle für klinische Einrichtungen der
    Universität

Daxberger, W.
    München, Rechenzentrum für den Fachbereich Medizin der Universität

Ehlers, C. Th., Prof. Dr. med.
    Göttingen, Institut für Medizinische Dokumentation und Datenver-
    arbeitung der Universität

Eimeren, W. van, Priv. Doz. Dr. med., Dipl. Psych.
    München, Institut für Medizinische Informationsverarbeitung, Sta-
    tistik und Biomathematik der Universität

Elser, H., Dr. med.
    München, II. Frauenklinik der Universität

Giesecke, B., Dr. rer. nat.
    München, Studie Nebenwirkungen oraler Kontrazeptiva am Institut
    für Medizinische Informationsverarbeitung, Statistik und Biomathe-
    matik

Greiller, R., Dr. Ing.
    München, Rechenzentrum für den Fachbereich Medizin der Universität

Grosche, J.H.J., Dipl.-Volksw.
    München, Rechenzentrum für den Fachbereich Medizin der Universität

Gumin, H., Prof. Dr. rer. nat.
    München, Unternehmensbereich Datentechnik der Siemens AG.

Hempen, C.H., Dr. med.
    München, Rechenzentrum für den Fachbereich Medizin der Universität

Hölzel, D., Dr. rer. biol. hum.
    München, Institut für Medizinische Informationsverarbeitung, Sta-
    tistik und Biomathematik der Universität

Jahn, E., Prof. Dr. med.
    Berlin, Bundesgesundheitsamt

Kellhammer, U., Dipl.-Volksw.
    München, Institut für Medizinische Informationsverarbeitung, Sta-
    tistik und Biomathematik der Universität

Killian, K., Dr. Ing.
    München, Institut für Klinische Chemie der Universität

Knedel, M., Prof. Dr. med.
   München, Institut für Klinische Chemie der Universität

Kochs, H., Dipl.-Ing.
   München, Institut für Klinische Chemie der Universität

Köpcke, W., Dr. rer. pol., Dipl.-Math.
   München, Institut für Medizinische Informationsverarbeitung, Statistik und Biomathematik der Universität

Koller, S., Prof. Dr. med., Dr. phil.
   Mainz, Institut für Medizinische Statistik und Dokumentation der Universität

Landersdorfer, T., Dipl. Math.
   München, Rechenzentrum für den Fachbereich Medizin der Universität

Lindner, H.
   München, Rechenzentrum für den Fachbereich Medizin der Universität

Loew, D., Dr. med., Dr. med. dent.
   Wuppertal, Klinische Forschung der Firma Bayer

Meyer-Bender, B., Dipl.-Ing.
   München, Rechenzentrum für den Fachbereich Medizin der Universität

Pribilla, P., Dipl.-Ing.
   München, Vertrieb Datentechnik der Siemens AG, Zweigniederlg. Mü.

Reichertz, P.L., Prof. Dr. med.
   Hannover, Abteilung für Klinische Informatik der Medizinischen Hochschule

Schaller, H.D., Dipl.-Ing.
   München, Rechenzentrum für den Fachbereich Medizin der Universität

Schreiber, M.A., Dr. med.
   München, Institut für Medizinische Informationsverarbeitung, Statistik und Biomathematik der Universität

Schuster, W., Dr. med.
   Wiesbaden, Hessische Zentrale für Datenverarbeitung

Seegmüller, G., Prof. Dr. rer. nat.
   München, Institut für Informatik der Universität

Seidel, H., Dr. Ing.
   München, Rechenzentrum für den Fachbereich Medizin der Universität

Selbmann, H.K., Priv. Doz. Dr. rer. biol. hum., Dipl.-Math.
   München, Institut für Medizinische Informationsverarbeitung, Statistik und Biomathematik der Universität

Simon, H., Dr. rer. nat.
   München, Apotheke des Klinikums Großhadern

Sommer, H., Ing.-grad.
   München, Siemens AG

Überla, K., Prof. Dr. med., Dipl.-Psych.
   München, Institut für Medizinische Informationsverarbeitung, Statistik und Biomathematik der Universität

Zierer, J., Dipl.-Math.
   München, Rechenzentrum für den Fachbereich Medizin der Universität

Die Herstellung dieses Bandes wurde erleichtert durch die Hilfe der
Firma Siemens.